心理学定律

内向心理的影响力

金 岩 ◎ 编著

中国纺织出版社有限公司

内容提要

在我们生活的周围,有很多的内向者,他们不善言辞、默默付出,渴望交际却不得要领。作为内向者都要学习如何接纳自己,提高自信,在社会中如鱼得水、实现幸福。

本书从内向者的性格特征谈起,让内向者更多地了解自己,学会如何顺应性情,充分挖掘自己的潜能,实现自我突破和成长,从而享受美好的生活。

图书在版编目(CIP)数据

心理学定律：内向心理的影响力 / 金岩编著. -- 北京：中国纺织出版社有限公司，2020.9 （2022.4重印）
ISBN 978-7-5180-7399-3

Ⅰ.①心… Ⅱ.①金… Ⅲ.①内倾性格—通俗读物 Ⅳ.①B848.6-49

中国版本图书馆CIP数据核字（2020）第076536号

责任编辑：闫　星　　责任校对：韩雪丽　　责任印制：储志伟

中国纺织出版社有限公司出版发行
地址：北京市朝阳区百子湾东里A407号楼　邮政编码：100124
销售电话：010—67004422　传真：010—87155801
http://www.c-textilep.com
中国纺织出版社天猫旗舰店
官方微博 http://weibo.com/2119887771
北京市金木堂数码科技有限公司印刷　　各地新华书店经销
2020年9月第1版　2022年4月第2次印刷
开本：880×1230　1/32　印张：6
字数：109千字　定价：39.80元

凡购本书，如有缺页、倒页、脱页，由本社图书营销中心调换

前言
CONTENTS

　　生活中，我们常提到"性格"一词，并且会评价他人是什么性格。那么，什么是性格呢？顾名思义，就是人的性情品格，性格是指表现在人对现实的态度和相应的行为方式中的比较稳定的、具有核心意义的个性心理特征，它是一种与社会相关最密切的人格特征，在性格中包含有许多社会道德含义。性格表现了人们对现实和周围世界的态度，并表现在他的行为举止中。性格主要体现在对自己、对别人、对事物的态度和所采取的言行上。

　　关于性格，荣格也早就对其进行了划分：内向者和外向者。在我们在大众的眼中，内向者内敛、沉稳、踏实、深思熟虑，而外向者不拘小节、心直口快、积极乐观、为人大方、热情，且与人交往时随和。在大多数人看来，似乎只有外向者才能成大事。然而，只要你稍加留意，就会发现，那些政界、科学界、文化界的成功者，有很多内向者的身影，因为内向者较外向者更沉稳内敛，思维更敏捷，更具有敏锐的观察力，也更能静下心来谋取成功。

　　由于自我封闭，大多数内向者更难走出狭小的圈子、人际交往不主动、抗挫折能力差、遇事消极等，这些都是阻碍内向者成功、需要自我克服的部分。

事实上，任何人，只有将自己剖析清楚、认清自己的性格，才能合理地利用性格优点，才能到达成功的顶峰。因为无论你是什么性格，其性格优点和缺点，就像一个硬币的两面，它们是相互依存、相辅相成的，谁也不可能脱离对方而存在。一个人也只有看清楚优点，明白自己的缺点，善待自己，不断地完善自己，才能取得成功，才能收获幸福人生。

艾伦·伯斯汀曾说："我没有病，只是内向而已，发现独处并不孤独，这是多么惊喜呀！"因此，对于内向者来说，成功其实很简单，你并不需要羡慕外向者，更不需要把自己变成外向者，你只需要发挥自己独特的优势、展示自己的性格魅力，并改正性格劣势的部分。

现在，我们需要这样一本引导我们实现自我成长的指导用书，而本书就是从剖析内向者的心理特征入手，帮助内向者全面认识自我，并从生活中的各个角度阐述了内向者完全可以通过发挥积极主动的精神完善自我，最终通过发挥自己的潜能来获得成功。本书还注重实用性和操作性，给内向者提出了很多实用的建议，以供内向者学习，从而帮助他们更好地学习、工作和生活。

编著者
2019年12月

目 录
CONTENTS

上篇 揭开面纱，走进内向者的心理世界

第1章 心理剖析，了解内向者的这些心理特点 ‖002

　　内向的心理成因是什么 ‖002

　　性格过分内向，如何调整 ‖005

　　内向者需要更多的掌声 ‖009

　　内向者更喜欢默默付出 ‖014

　　内向者拥有沉默的智慧 ‖018

第2章 审视自我，内向者应重视这些心理劣势 ‖021

　　自卑是大多数内向者的通病 ‖021

　　内向者，更容易紧张不安 ‖026

　　性格孤僻，让内向者离群索居 ‖030

　　内向的人抗挫折能力更差 ‖034

第3章 慎思笃行，内向者这些心理优势要发扬 ‖038

　　心思缜密，内向者更为严谨 ‖038

　　　　　成大事者多为内向者　‖041

　　　　　内向者更善于担任倾听者的角色　‖045

　　　　　内向者更善于隐藏实力　‖049

　　　　　内向者多大智若愚，外向者易成枪打出头鸟　‖053

第4章　战胜恐惧，内向者要冲破困住心灵的枷锁　‖057

　　　　　内向者需要走出去，跨越社交恐惧　‖057

　　　　　从第一次公开讲话开始克服内心的恐惧　‖060

　　　　　开口微笑，缓解你内心的紧张　‖064

　　　　　主动打招呼，缓解尴尬和紧张气氛　‖067

　　　　　社交活动对于内向者意义重大　‖071

第5章　告别羞怯，内向者要学会大方待人接物　‖074

　　　　　你羞于表达，谁能知道你的情感　‖074

　　　　　落落大方，向大家作自我介绍　‖079

　　　　　遇到陌生人，先要敢于走出第一步　‖083

　　　　　遭遇尴尬场景，轻松应对　‖086

　　　　　沉默，有时候并不是"金"　‖090

下 篇　激发潜能，内向者也要成就卓越

第6章　自我暗示，内向者要赶走内心抑郁的魔鬼 ‖094

　　抑郁是魔鬼，小心被它吞噬 ‖094
　　接纳和调整自己的情绪，别被坏情绪压垮 ‖098
　　倾诉出来，排解内心不快 ‖101
　　找到让你放松的最佳方式 ‖105
　　培养一个爱好，让它帮助你成功解压 ‖109

第7章　情绪管理，内向者学会给坏情绪一个出口 ‖114

　　放松身心，放走你的负能量 ‖114
　　宣泄出来，负能量需要个出口 ‖118
　　一旦抱怨，你就被负能量掌控了 ‖121
　　内向者先要接纳自我 ‖124
　　你管理了情绪，就获得心灵的健康 ‖127

第8章　规避性格劣势，内向者如何远离消极情绪 ‖132

　　凡事顺其自然，别过分执着 ‖132
　　大气洒脱，别为琐事烦恼 ‖135
　　克制心中的怒火，让心静下来 ‖138

你可以成就卓越的自己 ‖142

何必总是和自己过不去 ‖145

第9章 自我激励，内向者要相信和勇敢证明自己 ‖149

跳脱出来，别给自己设限 ‖149

激励自己，内向者要相信自己 ‖152

内向者要成功，首先要自信 ‖155

大胆挑战，去完成那些看似不可能的事 ‖159

别怀疑自己，相信自己一定能做到 ‖162

第10章 心眼明亮，内向者要有一颗感知外界的心 ‖166

音色背后暗藏哪些性格特征 ‖166

那些"弦外之音，你能听懂吗 ‖170

分析对方语调，了解其真实情绪 ‖173

分析对方表情，了解其真实想法 ‖176

小小动作，洞悉真实心理 ‖180

参考文献 ‖184

上篇
揭开面纱，走进内向者的心理世界

第1章　心理剖析，了解内向者的这些心理特点

内向在心理学上指气质中指向性的一种，艾森克个性问卷将典型的内向性格描述为：安静、离群、内省、喜欢独处而不喜欢接触人；平时做事喜欢有计划，倾向瞻前顾后；日常生活有规律；遵循伦理观念；比较悲观，容易抑郁。

内向的心理成因是什么

社会发展越来越快，人们反而越来越缺少语言的沟通，变得越来越内向。在我们的周围，总存在这样一群人：安静，离群，内省，喜欢独处而不喜欢接触人，不善言辞，只活在自己的世界里。他们的行为特征反映出典型的性格特征，我们称其为内向性格。当然，性格并没有好坏之分，内向性格与外向性格都有其长处与缺点。从心理学角度来讲，性格指对现实的稳定态度以及与之相适应的习惯化行为方式，是人格的一个最关键的方面。而内向是一种用于区分人格类型的简单方法。

那么，内向者心理到底是如何形成的呢？

有个性格内向的人这样说："我并不讨厌这个世界，不过我实在不知道活着是为了什么。我对身边的任何人和事物都

不是特别喜欢，我希望可以独立存在一个空间，不必面对这个世界。

"每天早上一睁开眼睛，我就觉得好难过，外面的世界对我而言太疲于应对了；而每天晚上回到家，我就觉得浑身轻松。平时休息时，除非有不得已的理由，否则，我一定坚持留在家里，不管怎样也不会出门。我在人们面前觉得自卑，我觉得自己什么都比不上别人，所以我根本不想跟他们进行比较，我尽量不与别人接触，这样就避免了比较高低的情况。

"我不敢向别人提出任何问题，我怕别人说我笨，即便有不得已的问题，我也会在心里默默地试过很多遍才会付诸实践。于是，对于生活和工作中的一些事情，我只是一知半解，最后也只能得过且过了。我心里是极其矛盾的，我希望躲在自己的世界里，但同时我感到无比孤独；我希望有几个知心朋友，不过又害怕与这么多人接触；我希望自己可以真正地享受人生，又惧怕去了解生活中的琐碎事情。"

一般而言，内向者拥有这样一些心理特征：他们的兴趣与注意指向自身及其主观世界；除了最亲近的朋友之外，不易与他人随便接触，对一般人比较冷淡；含蓄、沉思、敏感、严肃；缺乏自信；喜欢幻想；喜欢有秩序的生活。

一般说来，内向性格的形成原因有以下四方面：

1. 先天遗传因素

有的人天生就内向，从小就惧怕生人，对于别人的呼唤置之不理，这所有的行为都表现为内向性格特征。这样的人大多有先天遗传因素，比如，父母中一人性格为内向者，那孩子性格就有可能倾向于内向。

2. 自我意识敏感

有的人是由于自我意识敏感而产生对他人的"紧张症""恐怖症"。举个例子，有的青少年在与异性接触时，过分强烈地意识到对方是异性，结果造成情绪过分紧张，陷入窘境。这样的人不喜欢张扬，不喜欢表露自己内心的东西，结果导致自己性格内向。

3. 个人经历

性格是一个人在现实生活实践中，在不同环境的相互作用中形成的。人的生活环境，具体而言，即人的家庭、学校、工作等，人与环境关系发展的过程就是经历。当然，经历也是形成性格的条件之一。

4. 家庭成长环境

一位内向者说："小时候父母从来不鼓励我，我提出的问题，他们觉得很好笑，总是严肃地告诉我'这些事情跟你没关系，你只需要好好学习就行了'。"父母不鼓励孩子交朋友或参加活动，他们只希望孩子好好学习。所以，孩子在进入社会之前，他们的生活圈子只局限在学校和家里。

通常情况下，家庭背景往往是形成内向性格的主要因素。如果父母属于比较冷漠的人，坚信若使孩子绝对服从自己，就必须与孩子保持一定的距离，那么在家里缺少与父母沟通的孩子长大之后，也不敢尝试与别人沟通，完全将自己封闭起来，沉浸在个人世界里。

内向者心理启示

内向者的内心世界是什么样的？这是一位内向者的独白："我并不是冷漠无情，我也希望自己能和其他人一样幸福地生活。然而，我最怕的是人，觉得自己什么人都比不上。"内向这个名称，最早由荣格所提出，他认为这是一种可能导致以自我为中心定向以及围绕个人内在世界的主观知觉与认识占优势的人格类型。

性格过分内向，如何调整

有位内向者很无奈地说："我比较内向，我父母不喜欢我的性格，还说很多人都不喜欢我这样内向的人。我本来决定改变自己的性格，不过在改变的过程中却感觉很苦恼。现在我很矛盾，内向的性格真的不好吗？那到底怎样才能改变内向的性格呢？

"我从小就比较内向，而我在成长过程中遭遇的一些事情成为一种阴影，永远笼罩在我心上。我记得还在读幼儿园时，当其他的孩子都爬上树去摘叶子，我也在树下面捡了几片叶子，假装自己是他们中的一员。然而，当其他的孩子看到我是从树下捡的叶子，就不屑地指着我说：'这个白痴，哈哈……'我红着脸躲开了，从那以后我变得更内向了。小学毕业旅行时被同学捉弄，初中时被调皮的同学堵住教室后门不让离开教室，即便亲朋好友聚会时也不讨长辈喜欢……我甚至不敢直视别人的眼睛，即便我面对的是父母。

"艰难地熬过高中三年，终于上大学了。因为我从许多人嘴里听说大学是很自由的地方，我以为内向的我应该会在大学里过得很安逸。但事实上，我错得比较离谱。大学很自由，同时个人展示的机会无处不在。而我只能悲哀地成为同学们嘲笑的对象，我遇到最大的挑战就是上台作报告，平时与同学说话都很困难了，更别说走上讲台。于是，当我战战巍巍走上讲台，憋红了脸，嘴里艰难地吐出几个字：'大家好……'下面的同学满脸笑容地望着我，有的甚至开始窃窃私语，我以为他们是在嘲笑我，胆怯而又内向的我只能选择夺门而逃，身后传来一阵哄笑声。

"内向性格给我造成的阴影，陪伴了我一生，也使我痛苦一生。"

事实上，内向性格也有其显著的优点。比如，遇事冷静、善于思考，这是提高工作效率的基本条件。而内向者性格的缺陷则是思想比较狭隘，容易产生自卑感，总喜欢纠结于一些小事，容易忽视大局，这给内向者自身的生活和工作带来了一些影响。所以，对于那些过分内向的人，需要适时改变一些性格方面不足的地方，这样对于自己未来的生活与工作才会有较大的帮助。

那么，如何改变自己过分内向的性格呢？

1. 学会观察身边的人

内向者每天下班后，不要急于回家，可以去人多的广场或公园待一段时间，然后将自己的所见所闻记录下来。长时间这样做可以促使自己从个人封闭空间里走出来，去一些自己以前不敢去的环境，并对身边的人进行仔细的观察。渐渐地，内向者对所有接触过却从来不曾留意的事物开始产生兴趣，想在外面闲逛的愿望也会日渐强烈，在外面的时间也会越来越长。

2. 正确认识你自己

在现实生活中，内向者要正确认识自己，即给自己一个正确的评价。平时多考虑自己应该如何去做，在日常生活中的一些场合，尽量呈现自己最自然的一面，而不是顾虑别人是否注意你。当内向者与他人交流时，眼睛应该看着对方，这样可以增加内向者对他人的注意，减少对方对内向者的注意。

3. 深谙一些沟通方法

生活中，大部分人内向和外向兼具。很多性格过分内向的人生活在孤独之中，他们迫切希望拓展自己的生活圈子，让自己的生活变得更加有意义。但是他们缺乏一些基本的沟通技巧，所以，在内向者主动与他人接触之前，需要学习一些基本的沟通技巧。

4. 坦然表达自己的观点

内向者表示："我有一个相伴12年的邻居，但我自始至终都不知道他姓什么，因为我从来没跟他说过话。"假如你愿意跟他打个招呼，不妨大胆地说出自己的想法。毕竟是邻居，有许多十分便利的条件，比如，上下班时问好，这样时间长了就慢慢熟悉了，而内向者紧张的心理也渐渐平复了。

5. 进行积极的心理暗示

内向者要善于放松自己紧张的情绪，平时进行积极的自我暗示。可以采用一些平静、放松的语句，进行自我暗示，以起到缓解紧张情绪，减轻心理压力的作用。不管在什么时候，内向者都要对自己充满信心，鼓励自己"我很好""我很优秀"。

6. 培养自己的兴趣爱好

内向者需要保持良好的心态，热爱生活。假如想唱歌，就尽情地唱歌；假如想大笑，就尽情地大笑。在周末休息时，可以邀约三五个朋友一起逛街，一起运动。假如在与陌生人交流时感觉到脸红，就不要试图用一些动作去掩饰自己的紧张，这样只会使你的脸更红，加深内向者的胆怯心理。

7. 敢于尝试

内向者要坚定改变性格的缺点，生活中不放过任何发言的机会。在平时生活中可以向每天见面却不说话的人问好，比如，值班室的大叔、邮递员等。在与陌生人沟通时，假如遇到自己感兴趣的话题，要大胆而主动地表达自己的观点，不要过于在乎别人如何看你。

8. 保持与朋友聊天的习惯

尽管内向者朋友不多，但知心朋友还是有的。对此，内向者要保持与朋友聊天的习惯，并适时注意谈话的技巧。与朋友聊天，除了工作和生活之外，还可以聊聊有趣的见闻、笑话、幽默，只要这样长久地坚持下去，自然会增加内向者的交际能力。

内向者心理启示

尽管我们说性格是没有好坏之分的，内向和外向不过是性格的类型而已。但是，假如过分的内向性格已经影响自己的生活或工作，内向者就应该考虑如何正确地看待自己的性格，以及适当改变自己的性格。大量事实表明，这是非常有必要的。

内向者需要更多的掌声

苏珊凯恩认为，如果这个世界没有内心丰富的人，也就不存在万有引力论、相对论、W.B.叶芝的《第二次圣临》、肖邦的

《夜曲》、普鲁斯特的《寻找失去的时间》。甚至，她用记者威尼弗雷德加拉赫的话来论证："停下来思考而不是着急地去行动，性情中的闪光在于它对智慧和艺术的成就有深刻的影响。不管是爱因斯坦的质能方程，还是《失乐园》的创作，都不是热衷于参加社交聚会的人仓促写出来的。"尽管大部分内向者是孤独的，但他们恰恰是孤独的骄傲，所以，请为他们喝彩。

我们不可否认，不仅是职场，这个世界看起来似乎早已成为外向者的天下。内向者不明白的是，性格内向的人并不需要假装自己很外向，其实，内向性格也可以成就伟大的事业。因为内向者的一些特征，诸如注重深度、清晰准确的表达、习惯孤独等，使他们更容易成为卓越领导者。尽管我们的文化更倾向于性格外向的人，尤其是职场中，"性格外向""开朗乐观""擅长沟通"已经是对每一位应聘者的基本要求。但是，这仅仅是我们理所应当的情况，真相是内向的CEO比我们通常以为的要多得多，根据一项统计，美国40%的商业权力掌握在性格偏于内向的人手里。

比尔·盖茨自称为孤独的奔跑者。

比尔·盖茨从小就是一个偏内向的人，给人的印象就是木讷的，不过却是极其聪明的。他有着惊人的记忆力，通常总是一个人看书，一个人回家。即便上了大学，最初接触计算机，比尔也是习惯一个人待着，他思考着、努力着，最后缔造了微软世界。

第1章
心理剖析，了解内向者的这些心理特点

比尔认为，自己就是那个独孤的奔跑者。少年时期的比尔就读于西雅图湖滨中学，正好学校边上有一个小湖，比尔坚持去湖边跑步。有一次，天空下着大雪，比尔编好一段程序想出门活动一下。虽然外面下着大雪，不过比尔依然换了跑鞋打算沿着湖边跑步。这时路面、湖面已经是白茫茫一片，天色越来越黑，路上几乎没什么行人，比尔像往常一样跑步。望着周围空无一人，比尔瞬间感到了孤独。不过，因为比尔正在奔跑着，他感到欣慰，因为奔跑着的自己注定是孤独的，只有承受住这旅途中的孤独才会迎来人生的辉煌。比尔的步伐更加坚定，他的身姿也更加矫健，平坦的步道上留下了比尔坚定而快速的步伐。

比尔·盖茨这位孤独的奔跑者，最终跑向了世界。童年的比尔并不喜欢主动与人接触，他不善言辞，喜欢独处但并不在意别人的意见。比起与其他人相处，他更愿意钻研新技术。而美国前总统奥巴马成功颠覆了"害羞的人无法在政治选举中取胜"的这一成见。因为喜欢独处的奥巴马从政之前从事学术工作，工作履历上都是偏内向的职业，此外，他还喜欢写作。

尽管内向者是孤独的，但他们身上有着不可多得的特点：

1. 比较有深度

在现实生活中，内向者追寻事情比较倾向于深度而非广度，他们喜欢挖掘事情背后的真相，从而获取他们想要的信

息。与外向者相比，他们更加小心和谨慎，容易看清事情的真相并做出智慧的决定，等到这件事完成之后再继续处理新问题和新点子。假如需要与其他人交流，他们也更倾向于进行有意义的谈话，仔细地倾听并提出有见地的解答，而不是无谓的闲聊。

2. 三思而后说

内向者很少会说出不谨慎的话，他们在开口之前，往往会仔细斟酌，三思而后说，就好像记录下来的文字报告一样有着准确、清晰的观点。在日常生活中，在与他人沟通过程中，他们也会认真思考对方的言辞和评论，然后经过一番思考作出回应。比如，在公司会议中，他们通常可以在嘈杂的人群中以孤独姿态保持冷静，然后作出判断和回应。其实，公司会议上最孤独的那个人，往往掌握着决策权。

3. 善于倾听

内向者更善于倾听，他们喜欢关注细节，并在倾听过程中获取自己所需要的信息，以掌握公司的真实情况，从而减少人力资源的成本。比如，以一句温暖的话让本来打算辞职的员工留下来。其实，内向者更适合做领导者，因为他们可以在工作中倾听并鼓励员工实施自己的想法，他们所起的是调节的作用，而非外向者领导类型所起的决策作用。

4. 稳定的自信

自信的内向者，他们的自信往往是稳定的，是忙而不乱的，他们常常有备而来。对于一些重要的工作，内向者会早早地开始准备，甚至经常有备用方案。这样一来，他们在关键时刻总可以胸有成竹、心平气和地发表出自己的意见，根本不会受到外界环境的干扰或影响。内向者身上这种稳重、自信、平和的心理特征，往往可以赢得周围人的信任。

5. 十分谨慎

外向者非常自信、勇于进取的个性，一旦过度，就会给自己带来一些不必要的麻烦，比如，过度自信，可能会让他们在一些重大事情中作出错误的选择。不仅如此，外向者有可能会忽略即将面临的风险，而为了追寻丰厚的回报而不顾一切地向前冲。对于内向者而言，他们非常谨慎，所以在作决定时会有诸多考虑，因而作出更加谨慎的决定。

内向者心理启示

有心理学家专门做过研究：喜欢一个人训练的人总是很容易获得精湛的技术，这些技术包括体育方面、乐器演奏，或是学生的考试等。一个人训练保证了在大家一起训练时无法达到的练习强度，被训练者的精神也更加集中。所以，一个人工作时的效率将更高，而这无疑是内向者所喜欢的方式。众所周知，"头脑风暴"并非产生好主意的唯一方式，独自思考的效果有可能更加理想。

内向者更喜欢默默付出

在日常生活中，当我们说"某人性格很内向"时，脑海里总会浮现这种场景：一个人永远坐在房间的角落，总是默默地低着头，不说话，偶尔会露出一丝笑容，每天独来独往，以至于哪一天他没来，也没人发现。通常这样一个人是容易被忽视的，因为他们总是独孤地坐在一个角落。而且他们似乎很没有主见，总是一味地顺从，一副恭顺听话的样子。在我们身边就有这样的朋友和同事，以至于我们开始忽视他了。每次见面仅仅道一声"你好"，更有甚者几乎不说话，见面只是微微一笑。通常情况下，他们嘴里不会说"不"，总是"好""是的"，面对别人的提问，他们从来都只是点头和摇头，好像自己没意见似的。即便他们心中有着不同的看法，但由于他们性格内向，也总会说："我跟你们是差不多的看法。"于是，尽管他们坐在某个角落里，却好像完全被人忽视了。

内向者不愿意说话或说话很慢时，他们常常是没有将心思投入到人们的谈话之中。其他人会觉得内向者不会提供任何有价值的观点，内向者自身也会这样认为，所以他索性做一名安静的听众，或只是委婉地说两句，或干脆不发表任何意见。此外，内向者一开口比较有深度，这会令其他人感到不舒服，于是，人们就选择忽视内向者所提的观点，他们更倾向其他人所表达的东西。这时其他人忽视了内向者，而内向者自身也感觉到被忽视了。

性格内向的老李是公司的老员工，辛辛苦苦工作几年了，职位却一直没有变。在平时的工作中，他认真负责，与身边的同事相处得也比较融洽，对上司更是敬重有加，不过，进入公司快十年了，许多比他晚进公司的同事都得到了晋升，只有他还在原地踏步。同事戏谑地问他："对你的工作挺满意吧？"他总是乐呵呵地回答："是的。"在与同事相处中，遇到不同的意见，老李对这位同事说："是，你说得对。"回过头，他对那位同事也说："对，你说得没错。"这种没有立场的说话态度，让同事很扫兴。

实际上，老李并没有发现自己没有得到重用的原因就在于自己内向的性格，不管是和上司说话，还是和办公室的同事说话，他都是"是是是""好好好"，从来不会说反对的意见，更不敢多说一句话。刚开始同事和他接触，以为他这样说话是由于陌生的关系，不想得罪人。时间长了，与同事都熟络了，他还是这样说话，同事就觉得很无趣了，而且，大家总觉得他这个人比较"虚伪"，不愿意与之交往。上司觉得老李没有自己的想法，只会一味地顺从，这样的人对公司将不会有很大的帮助，于是就一直没有重用他。

在公司，没有谁与老李能够谈得来，因为大家觉得他这种模糊的表态方式，内向而不敢多说一句话的样子让自己非常不舒服。所以，最后老李既没有得到领导的赏识，也没有获得同事的好感，完全被大家忽视了。

虽然，上司喜欢下属服从自己的命令，但是下属一味地服从自己的命令也会让上司感到厌烦。毕竟在很多时候，上司更希望自己的下属能够积极地发挥主观能动性，为自己出谋划策。假如只是附和上司，不多说一句话，即使发现上司的错也不说，这样就很容易造成不必要的损失，于是，像老李这样的下属将不会得到重用。

1. 装在套子里的人

内向者就像是"装在套子里的人"，他们把自己包裹起来，让人们看不到其真实的面目，他们总是以一副永远顺从的样子出现在众人面前。

2. 不自信

大多数内向者默默无闻，不敢表现自己，内心胆怯是源于不自信。他们内心其实并不想笑也并不愿附和，只是害怕自己作出这样的行为之后对方会讨厌自己，所以，他们不想得罪任何人，逼自己放弃想法，逼自己说出言不由衷的话，久而久之就养成了习惯。

3. 可能源于童年时期的阴影

有的孩子从小就接受父母"军事化"的教育，比如，从小就被父亲打，无论做对做错都要挨打，必须无条件服从父母的管束。长大之后，他们就自觉地认为别人的话都是对的，自己想的都是错的，别人让他们去做什么就去做什么。然而，他们潜意识里却不太相信别人，说话时需要时刻看对方的眼神。因此，他们最终形成了内向的性格，其内心的胆怯是源于童年时期的阴影。

4. 默默无闻的外在显现

在他们身上总是残留着这样的影子：说话异常小心，害怕自己的言语会遭到对方的反对；不管你的装扮多么离谱，但如果你硬是让他来评论，他总是说"我觉得这身挺好的"，结果令你很无语；从来不发表自己的意见，百分之一百认为对方说的话就是正确的。

5. 沉默或许是在思考

内向者外在沉默的展现并不会使其大脑停止思考，在交际场合中，他们看起来是沉默不语的。其实，除非他们觉得压力比较大或不感兴趣，通常他们这时是在思考大家正在谈论的事情。对于某些内向者，假如问到他们，肯定会给出一番有水平的见解。所以，在生活中，有时看到性格内向的人默默无闻，面无表情，实际上他们的思绪早已飞到九霄云外了。

内向者心理启示

虽然我们讨厌那种凡事都争个高下的人，但是，这种性格内向的人却令人感到无聊。因为和这样的人交流，总感觉无趣，我们根本不知道他们的真实想法是什么，所以也就不知道该怎样和他们说话。大量事实证明，这样的人无论是在工作中还是生活上,都将遭遇很大的障碍,他们无法展现出自己的能力,换句话说,由于性格内向,他们不敢展现自我。

内向者拥有沉默的智慧

　　内向者喜欢沉默,尽管这容易被人忽视,但这在某些场合却成为一种智慧。而且,内向者总是会考虑周全之后再开口,这样说出的话更有胜算。大多数外向者喜欢在公共场合发表言论,可是常常说了半天,大家还不明白他的意思。他们其实是在自己心里稍微有点想法就开口,于是,在那里东拉西扯了半天,也没有清晰的逻辑,让人听了摸不着头脑。

　　特别是一些公共场合,或者是公司的大会上,一些自作聪明的人头脑发热,在自己没有清晰的表达思路时就开始发表意见。那是一种鲁莽的行为,因为思路不清晰,就不可能表达得很清楚,而且有可能说到一半,思路就断了。这不仅没有达到你发表意见的初衷,也会使自己陷入尴尬的境地,那样就得不偿失了。而内向者恰恰由于其自身性格特点,可避免这一窘境。

　　性格有些内向的小王是家庭吸尘器的推销员。有一次,经过一个朋友介绍,他去拜访曾经买过他们公司吸尘器的夫人。尽管小王不太喜欢说话,但小王还是硬着头皮,一见面就递上自己的名片："您好，我是吸尘器公司的推销员，我叫……"

小王一句话还没有说完，那位夫人就用十分严厉的口气打断了小王的话，并开始抱怨当初买吸尘器时遇到很多不愉快的事情，并且说服务态度不好，所报的价格也不实在，吸尘器的质量也有很多问题，发货的时间也不准时……

那位夫人一直在喋喋不休地数落小王公司以前的那位推销员，小王静静地站在一旁，认真地听着，一句话都没有说。那位夫人终于把自己的怨气发泄完了，她稍微喘了口气，才发现站在自己身边的这位小伙子相当陌生。她很不好意思地说："小伙子，你贵姓呀，现在有没有好一点儿的吸尘器，拿一份目录给我看看，给我介绍介绍吧。"

小王离开时，兴奋得几乎想跳起来，因为他手上拿着两台吸尘器的订单。

俗话说，顾客是上帝。小王能够成功地签下订单，在于内向的他懂得沉默。从小王拿出产品目录到那位夫人买了他的吸尘器，他说的话加起来不到十句。但是那位夫人看重的就是小王的实在、诚意，而且小王的善于倾听使那位夫人得到了尊重，所以小王能够成功而回。

1. 内向者擅长考虑周全

内向者常常会在自己没有清晰的表达思路时，选择适当的沉默。他不会急于把自己没有成熟的想法说出来，他们总是能够把握自己的实力。在适当沉默的时候，会厘清自己的逻辑和思路，以等待下一个机会。没有把握的事情，他们不会冒险去做，更不会使自己陷入尴尬的处境。

2. 比起卖弄口舌，内向者更愿意选择倾听

在日常生活中，内向者不喜欢卖弄口舌，而是选择倾听，尤其是在一些成功人士面前。他们总会考虑自己资历有限，思想的深度和宽度都大大欠缺，这让他们在表达某些想法时就不可避免产生偏差。所以，内向者绝不逞一时口舌之快，在大人物面前发表观点，或是将一些不成熟的想法说出来令自己陷入难堪的境地。他们只会选择做一个安静的听众。

内向者心理启示

尽管我们常说内向者因不善于言辞而影响其生活和工作，但事实上，即便是一个外向者，我们也会要求他在毫无头绪的情况下给自己预留沉默空间。这种形式上的静止，并不代表思考的停滞，那些有深度的思想，正是看似沉默的思考过程。在这方面，内向者所占据的是一个天然的性格优势。

第2章　审视自我，内向者应重视这些心理劣势

人的心理健康是一个十分复杂的动态过程，相对于外向者而言，内向者存在恐惧、害羞、自卑、孤独等心理障碍，而这些性格特征对于内向者的交际、生活、工作都是有弊无利的。所以，为了能够融入社会，与他人建立和谐的人际关系，内向者有必要跨越这些心理劣势。

自卑是大多数内向者的通病

与外向者相比，内向者过于自卑。自卑心理，用科学的语言可以解释为对自己缺乏一种正确的认识，在人际交往中缺乏自信，做事缺乏勇气，畏首畏尾，随声附和，没有自己的主见，一遇到有什么事出问题就以为是自己不好，最后的结果是导致自己失去交往的勇气和信心。实际上，正是因为这样的自卑心理，最后会失去一个展现自我的机会。

自卑，它是一种不能自助和软弱的复杂情感。那些有着自卑心理的人总容易轻视自己，认为没办法赶上别人。在这里，自卑心理主要表现为两个方面的意思：一是一个人认为自己或自己的环境不如别人的自卑观念为核心的潜意识欲望、情感所组成的一种复杂心理；二是一个人因为不可以或不愿意进行奋

斗而形成文饰作用。自卑心理是因为婴幼儿时期的无能状态和对别人的依赖而引起的。当然，自卑心理是可以通过调整认识和增强自信心并给予支持而消除的。

那是大学毕业生增多的一年，小王作为众多学子中的一员，被分配到一个偏远的水电站工作。

在那个水电站，有内部食堂、有小卖部、有幼儿园……尽管地方不怎么大，却什么都有，如同一个与世隔绝的小社会。当然，生活在这个小社会的人，他们都喜欢打麻将，除此之外就是没事闲聊。小王觉得自己与这里简直格格不入，因为他喜欢看书、喜欢听古典音乐、喜欢看欧美影片，而且每次进城都会买一些新书和碟片回来，这同样让别的同事无法理解。在有意或无意之间，小王和大伙儿之间的距离越来越远了。

绝望得快要发疯的小王，无奈之下就给远在大学教书的老师写了一封信，详细地讲述了自己的苦恼："在我生活的这个空间里，我与别人从内到外都不一样，我所理解的东西，在这里我完全看不到与思想契合的，只看到截然不同的地方。我感到很无力，也不知该怎么办，我是否也要和他们一样……"很快老师回信了，信中讲了一个故事：

"从前，有一只鹰蛋不小心落到了鸡窝里，没有人发现，所以它被理所当然当成一只鸡蛋，然后它被鸡孵了出来。但是，从它出生的那天开始，它看起来就与鸡窝里的其他兄弟姐妹不一样。这只奇怪的东西没有五彩绚丽的羽毛，不会用泥灰给自己洗澡，也不会在土里啄出一只小虫来。它长得越来越高大，当它在矮小的鸡窝活动时，头总会被碰到，这时其他鸡总会嘲笑它笨。它对自己失望极了，于是跑到一处悬崖，想跳下去，结束自己的生命。当它纵身跃下的时候，本能地展开翅膀，飞上云天，这时才发现，自己原本是一只鹰，鸡窝和虫子不属于它。它为自己曾因不是一只鸡而痛苦的往事感到羞愧……你不要因为自己是一只鹰而感到羞愧！"

看了这封信，小王豁然开朗。从此以后，小王不再因为大伙儿的不认同而痛苦绝望甚至扭曲自己，而是埋头读自己的读书，做自己的事儿，并在两年后顺利考上了研究生。如今，小王已经成为一家外企的经理了，而老师在信末尾的那句话，也成为他一生的座右铭。

自信、执着，会让内向者拥有一张人生之旅的坐票。那些不愿意主动寻找自己，最终只能在漂泊无依中一直流浪到老的内向者，他们其实就是在生活中安于现状、不思进取、害怕失败的自卑者，最终，他们永远滞留在起点。信心是获得成功不可缺少的前提，信心会引导内向者走向成功。

那么，内向者该如何克服自卑心理呢？

1. 尽可能坐在最前面的位置

心理学家认为，坐在前面可以建立信心。因为敢为人先，敢上人前，敢于将自己置于众目睽睽之下，就一定有足够的勇气和胆量。时间长了，这样的行为就会成为习惯，自卑也就在潜移默化中变为自信。而且，坐在比较显眼的位置，增强反复出现的频率，起到强化自己的作用。所以，从现在开始就尽可能地往前坐，虽然比较显眼，但通常情况下关于成功的一切都是显眼的。

2. 抬头挺胸，快步走

心理学家认为，内向者行走的姿势、步伐与其心理状态有一定的关系。通常情况下，那些懒散的姿势、缓慢的步伐是情绪低落的表现，是对自己、对工作以及对别人不愉快感受的反映。假如我们认真观察这些，就会发现身体的动作是心灵活动的结果，而那些内心自卑的人，走路总是拖拖拉拉，缺乏自信。相反，假如我们改变走路的姿势与速度，就有助于调整我们的心理状态，表现出较强的自信心，走起路来应该比一般人快。快步行走，就是告诉所有的人："我要到一个重要的地方，去做很重要的事情。"

3. 面带微笑

许多人都知道笑可以带给人自信，它是医治信心不足的良药，不过，依然有许多人不相信这一套，那是因为他们在自卑、恐慌的时候，从来不试着微笑一下。真正的笑容不仅可以治愈自己的不良情绪，还能立即化解别人的敌对情绪。假如你真诚地向一个人展露笑颜，他就会对你产生好感，这种好感足以使我们充满自信。

4. 学会正视别人

俗话说得好，眼睛是心灵的窗口。一个人的眼神可以折射出性格，透露出情感，传递出微妙的信息。假如不敢正视别人，那就意味着自卑、胆怯、恐惧；躲避别人的眼神，则折射出阴暗、不坦荡的心态。当我们用眼睛正视对方时，就等于告诉对方："我是诚实的，光明正大的，我非常尊重你，喜欢你。"所以，正视别人，反映的是一种积极心态，是一种自信的表示。

5. 学会当众讲话

在一些公众场合，自卑的内向者认为自己的意见可能是没价值的，假如说出来，别人可能会觉得自己很愚蠢，最好什么也不说，而且其他人可能比自己懂得多，内心其实并不想让别人知道自己很无知。于是，在这样的过程中一次次摧毁好不容易建立起来的自信心。其实，从积极的角度来看，假如尽可能讲话，就会增加信心。因此，不管参加什么样的活动，每次都要主动讲话。

💡 内向者心理启示

在现实生活中，我们见到过这样自卑的内向者，或许自己曾经也是他们中的一员。他们不敢大声说话，不苟言笑，都是独自在某个角落里默默注视着他人，实际上，他们心里也渴望得到别人的关注，不过由于自卑的心理，让他们抬不起头来。

因此，他们的内心世界是一片黑暗，很少能交到朋友，就这样自卑地活着。其实，自卑心理是可以用实际行动克服的，而克服自卑心理最好的办法就是付诸行动，去做自己害怕的事情，直到成功。

内向者，更容易紧张不安

马克思曾说："一种美好的心情比十服良药更能解除生理上的疲惫和痛楚。"然而，在现实生活中，有一种情绪时常困扰着内向者，诸如独自登台表演或演讲的时候、与陌生人沟通的时候、在公众场合说话的时候，等等。在这些场景中，紧张的情绪会冒出来困扰他们，影响内向者的一举一动。有时候，紧张的情绪使内向者怯场，内心有了退缩的念头；有时候，紧张的情绪会让内向者心中大乱，最终以失败而收场。总而言之，紧张的情绪似乎总是伴随内向者左右，势必影响他们的言行举止才罢休。紧张，总是有意或无意地干扰着属于自己的心境，在紧张的心境下，他们似乎没有办法做好任何事情。所以，要想拥有一份美好的心情，内向者应该努力克服内心的紧张情绪。

亚伯拉罕·林肯出生于一个农民家庭，他曾经是一个内心自卑却又渴望成功的人。

第 2 章
审视自我，内向者应重视这些心理劣势

林肯当选为美国总统后，复杂而令人头疼的政事使他患上了抑郁症，在患病的那一段时间里，林肯经常失眠，内心时刻充满着紧张的情绪，甚至，他对自己的生活感到了绝望。每一次会议或者讨论，林肯都沉默不语，并不是他习惯于如此，而是源于内心的紧张。后来，心理医生建议他"重新找回自信"，然后，在医生的帮助下，林肯喜欢上了剪报。每天，他都会剪下报纸里对自己的赞美之词，然后揣进口袋里，这样，内心紧张的情绪就会减弱一点。每当有重大会议召开之前，林肯都会心情紧张，这时，他就会从口袋里掏出剪报，鼓励自己。"将别人的鼓励随身携带，以舒缓紧张的精神"，林肯直到去世都保持着这个良好的习惯。就在林肯不幸遇刺后，人们从他的上衣口袋里，发现了那些赞美他的剪报。

一位曾被紧张情绪困扰的人这样说道："过去的我，性格非常内向，每天都感觉特别紧张，活得十分痛苦。虽然，我尽力伪装自己显得很正常，但是，我非常清楚自己的心境是处于病态中，当逃避和伪装让自己不胜疲惫的时候，我终于选择了面对，心里越是害怕与人沟通，我就越要与人主动沟通；越是不喜欢人多的地方，我就越给自己机会来面对人群。在这种与自己抗争的艰辛历程中，我得到了前所未有的历练和成长。"其实，紧张的情绪对于内向者来说，并不可怕，只要鼓起勇气，就能够克服内心的恐惧，从而使自己变得自信起来。

世界著名的男高音帕瓦罗蒂曾参加过无数次演出，仅在美

国纽约大都会歌剧院，他的演出就达到了379场。但是，像这样一位世界著名的艺术家在每一次登台的时候，也忍不住产生紧张情绪。帕瓦罗蒂认为自己的紧张情绪可能是遗传于父亲，其父亲本具有男高音天赋，但由于太过紧张而无缘舞台。但是，为了使演出显得更加完美，帕瓦罗蒂必须克服内心的紧张情绪。

刚开始的时候，帕瓦罗蒂通过暴饮暴食来摆脱紧张的情绪，每一次上台演出之前，他都要大吃一顿，这样才能缓解内心的紧张情绪。但是，暴饮暴食使自己变得肥胖，而且，医生也对他发出了最后警告："再这样吃下去，你将有生命危险。"帕瓦罗蒂无奈放弃了这种方式，转而寻找另外一种摆脱紧张情绪的方式。后来，他开始依赖一枚钉子。原来，在帕瓦罗蒂的家乡，流传着这样一个传说：生了锈的弯钉子会给人带来好运。帕瓦罗蒂相信这一传说，以后，在每一次演出之前，帕瓦罗蒂都会在后台昏暗的灯光下寻找一枚弯钉子。如果演出开始时，他还没能够找到一枚弯钉子，那么，哪怕这场演出的报酬再高，帕瓦罗蒂也会拒绝出演。因为他的这一习惯，不仅得罪了无数的朋友，而且导致了美国芝加哥歌剧院永久地拒绝了他。后来，帕瓦罗蒂的这一习惯被慢慢传开，那些承接帕瓦罗蒂演出的单位都会特意为他留一枚钉子。摆脱了紧张的情绪，帕瓦罗蒂优雅完美地完成了每一次演出。

赛车的时候，在那瞬息万变的赛道上，每一次判断和决定都是在毫秒之间作出的，因此，几乎所有的赛车手都有一个最大的通病，那就是"紧张的情绪"。对于许多赛车手来说，彼此之间都有一个心照不宣的秘密，那就是许多人都会因为比赛过度紧张而尿裤子。

舒马赫在赛车界是数一数二的人物，然而，即使这样一位大名鼎鼎的赛车手，他在每次比赛时也会紧张。于是，为了缓解自己的紧张情绪，在每一次比赛之前，舒马赫都会玩电子游戏，这样，他才能更加优雅地玩转赛车。

1. 降低对自己的要求

在生活中，要想克服紧张的心理，内向者就应该努力把自己从紧张的情绪中解脱出来。心理学家认为：有效消除紧张心理，从根本上说是要降低对自己的要求，一个人如果十分争强好胜，每件事情都追求完美，那么，常常就会感觉时间紧迫，内心自然充满紧张。而如果我们能够清楚地认识到自己的能力，放低对自己的要求，凡事从长远打算，这样，心情自然就会放松。

2. 通过玩游戏消除内心的紧张

赵治勋被日本人称为"棋圣"，他在围棋界占据着极其重要的位置。然而，即使这样一位大师，在每一次激烈的对弈中，也会感到异常紧张，而一紧张就很容易出错。因此，为了缓解内心的紧张情绪，赵治勋总是要求工作人员准备一大堆火柴和废纸，在对弈的时候，他通过撕废纸和玩火柴来舒缓自己紧张的情绪，这样，他才能将棋局运筹帷幄，最终赢得比赛。

内向者心理启示

其实，紧张的情绪并不是内向者所特有的，而是每一个人都有的一种心境，无论多么伟大的人，他们都未必能完全摆脱紧张的束缚。但是，只要他们能找到恰当的放松方式，内向者就可以轻松地战胜内心的紧张情绪，最终赢得完美的胜利。

性格孤僻，让内向者离群索居

孤僻心理的产生来自多方面的因素：青年时期的心理特点，使得孤僻心理在青年人中比较多见。青年人正处于成长的关键阶段，世界观和人生观刚开始建立，自认为已经长大成人，经常委屈地感到自己不被理解，有一种莫名其妙的孤独感。一个缺乏强烈事业心的人会有孤僻的心理。通常情况下，内向性格的人容易孤僻，因为他们的自我中心观念比较强，内心深处对外界有强烈的抗拒感，往往对外界事物和周围人群表现得很冷漠。童年的创伤经验，比如父母离婚、伙伴欺负等不良刺激，都会使他们过早地接受了烦恼、忧虑、焦虑不安的不良情绪体验，会使他们产生消极心境，最终形成孤僻的性格。

内向者喜欢逃避人群，也就是我们常说的不合群，不能与人保持正常关系、经常离群独居的心理状态。在日常交际中，主要表现为不愿意与他人接触，待人冷漠，对周围的人常有厌烦、鄙视或戒备的心理。当然，这样的内向者猜疑心比较强，容易神经过敏，做事喜欢独来独往，不过也免不了被孤独、寂寞和空虚所困扰。

小王是一名战士，下士军衔，大家都说他性格怪异、冷漠，很少看到他与其他战友嬉笑打闹，做什么事情都是一个人，没事时总是待在一个角落，成为部队热闹生活的旁观者。他不愿意和别人交流，开会也很少讲话，除非点名叫他，否则是看不到他举手的，而且他在说话时语速很快很紧张，一副很小心翼翼的样子。战友们都很难了解小王内心的想法，而小王平日在部队里也是一副"各扫门前雪，莫管他人瓦上霜"的态度。

有一天，领导安排四个战友在球场上打球，领导叫上小王说去打球，小王的第一反应就是："我不去，我又不会打。"这就是杜绝第一交际，领导说："好，你不打，陪我去转转总可以吧？不行我们再一起回来。"好说歹说总算愿意去了，到了球场，大家都在喊"小王，下来一起玩"。小王默默看着领导，领导先下去，他在场边看领导和战友们打，球场上五个人肯定分布均匀，领导说："你来吧，不然人不够，你够点儿意思。"小王说："我不会，打不好。"这时小王就处于"不想交际"了。领导说:"就一次,下次我喊其他人,你就陪我们打一次,打一会儿就回去了。"小王不吱声,战友和领导又喊了几次,终于拖下来了。

总算是勉为其难开始进入球场了,当战友们看到他有好位置的时候,就把球传给他,让他投。他迟疑了,战友们都鼓励他投,说他位置好,赶紧投,他才把球投了出去。当然,他离球筐很近,而且没有防守,球进了,大家都说看不出来啊,小王还留了一手。他害羞地笑了,闭上了嘴巴,还是那副冷漠的样子。后来在战友们的"配合"下,小王又进了几个球,而且不用战友们说会主动投球。打了一会儿,大家都累了,坐在球场边上东一句西一句地聊,不过话题离不开"小王球打得不错",看他脸因害羞变得红红的,战友们猜测其心里肯定在想"其实挺好的"。后来打球,小王都主动参与了。

小王就是典型的孤僻心理,符合心理孤僻所有的性格行为。那么其孤僻心理是如何产生的呢?原来,小王的父母在其幼年时死于一场火灾,小王从小就跟随爷爷奶奶生活,火灾的发生,给小王留下的不只是被大火烧伤的痕迹,还有不完整的人生。在成长的过程中,小王给自己画了一个圈,给自己定了性,自己给自己增加心理暗示,自我羞耻感、屈辱感不断增强,自我否定意识的不断形成与加剧,表现出了消极的自我评价,对身边人的戒备心理就开始产生了。随着消极的自我暗示的不断出现,自己的情商扭曲,慢慢形成逃避现实、孤僻自卑、谨小慎微、容忍退让的懦弱性格。

那么内向者如何对自己的孤僻心理进行调节呢？

1. 正确认识自己和他人

孤僻者本人要对孤僻的危害有一个正确的认识，打开自己紧闭的心扉，追求人生的乐趣，摆脱孤僻的困扰，同时正确地认识别人和自己，努力寻找自己的优点和长处。孤僻者都没能正确地认识自己，有的觉得自己比别人强，总想着自己的优点和长处，而看到别人的缺点，自命不凡；有的则比较自卑，总认为自己不如别人，怕被别人嘲笑，而把自己封闭起来。其实，这两者都需要正确地认识别人和自己，多与别人交流思想，沟通感情，享受人与人之间的友情。

2. 敢于与人交往

性格孤僻的人应该多与那些性格外向的人交往，让自己的情绪受到感染，也使自己变得开朗起来。这样一来，在每一次交往中都会有所收获，丰富知识经验，纠正知识上的偏差，一方面获得了友情，另一方面还愉悦了身心。

3. 掌握交际技巧

假如我们在交际方面显得比较笨拙，可以看一些有关交往的书籍，学习交往技巧，同时多参加正当、有益的集体活动，比如，郊游、跳舞、打球等，在活动中慢慢培养自己开朗的性格。

内向者心理启示

孤僻的内向者缺乏朋友之间的欢乐与友情，交往需要得不到满足，内心很苦闷、压抑、沮丧，感受不到人世间的温暖，看不到生活的美好，很容易消沉、颓废、不合群。由于缺乏群体的支持，整天过着提心吊胆的日子，忧心忡忡，容易出现恐慌心理。假如这样的消极情绪长时间困扰自己，就会损伤身体，严重的还会产生轻生的念头。

内向的人抗挫折能力更差

人生免不了遭遇困难或挫折，没有经历过失败的人生是不完整的人生。对于一些外向者而言，生活中那些挫折可以马上消化，但那些内向者则容易深陷其中，他们总是对自己的失败念念不忘，久久无法释怀。

生活中，挫折与失败可以锻炼内向者受挫的忍耐力，但是即便拥有强大的忍耐力，离成功还是有一步之遥。在某些时候，内向者要想赢得成功，还需要适时调整自己的心态。一旦遭遇失败，就应该选择重振旗鼓，调整心态，迎头赶上，而不是垂头丧气，自暴自弃。当内向者遭遇失败与挫折的时候，需要冷静分析造成失败的原因，采取什么样的方式可以避免失败，总结出失败的经验，吸取其中的教训，鼓舞自己，重拾之前那种激动的心情，再一次给成功一个热情的拥抱。

1832年，亚伯拉罕·林肯失业了，这令他感到十分难过，他下定决心要成为政治家，去当一名州议员。但是，糟糕的是，他在竞选中失败了，在短短的一年里，林肯遭受了两次打击，对他而言无疑是痛苦的，心中还有一些无法排解的怨气。接着，林肯开始创业，当即创办了一家企业，可是还不到一年，这家企业倒闭了，林肯感觉到，似乎老天总是与自己作对，这是考验还是宿命呢？林肯不知道，但是，在之后的时间里，他即使心中有怨，还是到处奔波，偿还债务。不久之后，林肯又一次参加竞选州议员，这次他成功了，内心深处有了一线希望，他认为自己的生活有了转机，心想："可能我就可以成功了。"

然而，人生的逆境好像永远没有结束的那一天。1835年，亚伯拉罕·林肯与漂亮的未婚妻订婚了，但离结婚的日子还差几个月的时候，未婚妻却不幸去世。林肯心力交瘁，几个月卧床不起，没过多久，他就患上了精神衰弱症，他对任何事情都失去了信心，一种负面情绪萦绕在心中。1838年，林肯觉得自己身体好了些，他决定竞选州议会议长，但是，在这次竞选中他又失败了，不过，那种再接再厉的精神一直鼓舞着林肯。1843年，林肯参加竞选美国国会议员，这次他所面临的依旧是失败。但是，林肯却一直没有放弃，心中的怨气在一点点消减,他并没有说:"要是失败会怎样?"而是怀着一颗平常心来对待,他想:如果自己不在意失败,那么,事情或许将有好的转机。

1846年,林肯参加竞选国会议员,这次他终于当选了,但两年任期结束后,林肯面临着又一次落选。1854年,他竞选参议员,但失败了,两年之后他竞选美国副总统提名,结果却被对手打败,两年之后他再一次参加竞选,还是失败了。无数次的失败,让林肯练就了平和的情绪,无论成功与失败,他的心都变得十分坦然,或许,正是那份平和的情绪,铸就了他最终的成功,1860年,亚伯拉罕·林肯当选为美国总统。

孟子说:"天将降大任于斯人也,必先苦其心志,劳其筋骨,饿其体肤,空乏其身,行拂乱其所为,所以动心忍性,曾益其所不能。"面对每一次失败,林肯都以平和的心态面对,而且敢于勇往向前,在这一过程中,似乎命运也在跟他暗暗较劲,然而,最后,林肯驾驭了自己的命运。

1.失败一次,就离成功靠近一步

有一句很受玫琳凯推崇的话:"失败一次,就向成功靠近一步。"那些成功者绝不会害怕人生所面临的失败,从来不畏惧尝试再次成功。玫琳凯经常对公司员工说:"如果比较一下我们的双膝,你们会看到我膝上的伤疤比在场的任何一个人都要多,这是因为我一生中有过无数次摔倒再站起的经历。"

2. 将每一次失败当作一次尝试

其实，内向者应该把人生的每一次失败都当作尝试，不要抱怨上天的不公平，不要责怪家人和朋友，沦陷在失败的痛苦里只会让内向者离成功越来越远。试着接受每一次失败，调整好心态，从中吸取教训，这样内向者在成功的路上才会走得更远。

3. 将失败的痛苦向身边的朋友倾诉

内向者可以将自己失败的痛苦情绪向别人诉说，这可以帮助内向者心理保持平衡。内向者在遭遇失败后将失望焦虑的情绪封锁在内心，反而会失控，这有可能会使内向者心理崩溃。所以，内向者可以选择适度向身边人倾诉，将机体内的失控力量慢慢化解。

💡 内向者心理启示

一个内向者在面临失败之后，心态往往是最关键的，如果没有调整好心态，即便这个人很有能力，也是难以取得成功的。反之，那些本身能力欠缺的人，若是调整好了心态，必然会再次赢得成功。

第3章　慎思笃行，内向者这些心理优势要发扬

有些内向者善于自省，有责任感，富有创造力……那些自以为是的人并不了解内向者的优势。有时，内向者拥有外向者无法比拟的某些优势，而内向者与外向者最大且唯一的区别是内向者的动力之源是自己。所以，身为一名内向者，并非性格上的缺陷。

心思缜密，内向者更为严谨

俗话说："小心驶得万年船。"内向者大多心思缜密，行事谨慎，他们处理事情的方法总是需要细心、冷静研究，凡事多想一步，安全就会长久一点。孔子曾说："乱之所生也，则言语以为阶。君不密，则失臣；臣'不'密，则失身；几'不'密，则害成；是以慎密而不出也。"有时候，之所以发生混乱，主要是做事不慎重周密。如果君主的言语不慎重周密，就会失去才能的臣子；如果臣子的言语不慎重周密，就会招祸失去生命；机密的大事不慎重周密，就会造成灾害，因此，做事一定要慎重周密，否则，亡羊补牢，为时已晚。

内敛的曾国藩处事一向细致周密，非常谨慎，以至于他纵横官场多年而立于不败之地。

第3章
慎思笃行，内向者这些心理优势要发扬

有一次，曾国藩坐着轿子正要出门，没想到，听到帘子外有人叫自己的乳名："宽一！"他连忙叫轿夫停轿，看到来人他又惊又喜："这不是干爹吗，您老人家怎么到了这里？"说完，赶忙将干爹迎到了家中。

面对远道而来的干爹，曾国藩不住地问家乡的情况，可是，干爹却是满腹委屈，他找了个机会将自己在家乡受到知府大人不公平对待的遭遇——告诉了干儿媳，干儿媳安慰他说："不要担心，除非他的官比你干儿子大。"老人家听了，悬着的心放下了一半。

过了几天，夫人特意说起了干爹的事情，她劝曾国藩："你就给干爹写个条子到衡州吧。"曾国藩大声叹气："这怎么行呢？我不是多次给澄弟写信让他们不要干预地方官的公事吗，如今自己倒在几千里外干预了起来，岂不是自己打自己嘴巴？"夫人说："可干爹是个老实本分的人，你总不能看老实人被欺负，你得为他主持公道啊！"曾国藩思考了片刻，说道："好！让我再想想。"

第二天，曾国藩接到了奉谕升官，顿时，许多达官显贵都来庆贺，曾国藩将干爹迎到了上座，向大家作了介绍。这时，曾国藩拿出了一把折扇，说道："干爹执意要返回家乡，我准备送干爹一份小礼物，列位看得起的话，也请在扇上留下宝墨，以作纪念。"文武官员一听，都争相留名，不一会儿，折扇两面都写满了名字。干爹带着这把折扇回到了家乡，知府大

人一看，气焰顿时削减不少。

虽然曾国藩官运亨通，但是他从来不以此为傲，平日里，他常常告诫家里人要内敛，不可嚣张。这次，干爹有一些事情求助于他，并且确实是冤屈的事情，如果不帮于情于理都说不过去，但是，如果直接出面帮助，难免会落人口实。

因此，面对诸如此类的事情，曾国藩总是小心行事，什么时候都多想一步，既帮助了别人，同时也保全了自己。

1. 三思而后行

俗话说："三思而后行。"内向者做任何事情，都经过仔细考虑。慎重考虑清楚自己还没有预料到的事情，以防万一，这样他们才能更好地保全自己。

在现代生活中，许多外向者做事风风火火，全凭着一股劲儿，做事从来不动脑子，虽然加快了做事的速度，但是，他们却常常为冲动造成的后果而埋单。

2. 更细心

在诸葛亮挥泪斩马谡的故事中，无论是诸葛亮还是马谡，都缺少了那么一点细心，最终酿成了大错。

在生活中，当内向者决定要去做一件事情的时候，总是思考这件事值得不值得去做，如果做了对自己有没有好处，会不会有什么后果。同时，他们还考虑事情的下一步会发生什么，权衡利弊再衡量思路，以至于作出更有利的选择。

3. 多思索更安全

在曾国藩帮助干爹这件事中，折扇虽然小，但是，他却谨慎行事，巧妙借他人之力达成了自己的目的，这其中有智慧，但更多的是细心。曾国藩为官那么多年，深知官场的险恶，即使是一件小事，他也会谨慎处理，多想一步，安全就会多一点，越是困境的时候，越需要注意这一点。现代社会人心复杂，任何时候都要谨慎行事，细心周全，遇到事情总是多思索，最终才能立于不败之地。

内向者心理启示

内向者有时做事情，会考虑周到细致，防止事情可能发生的一切情况，事前就做好应对准备，如此这般，很容易做成大事。而有的外向者做事情常常顾头不顾尾，毛毛躁躁，缺乏周密的思考，所以，他们常常无法做出一些成就来。而在现代职场中，上司更愿意欣赏那些做事谨慎的人，而非那些只注重效率的人。

成大事者多为内向者

内敛的曾国藩说："做事须以耐烦为第一要义。"在生活中，有许多看起来很麻烦的事情，同时，还需要处理这些麻烦的事情。对外向者而言，可能处理一件麻烦事算不了什么，处理两件这样的事情也还支撑得住，但是，三件或三件以上的事情就忍不住了。不管是一件琐碎的小事，还是一件令人头疼的大事，时间长了，就可能会使自己变得心浮气躁，甚至，做出一些不符合理性的事情，同时，也给自己带来不好的后果。不过安静的内向者却时刻保持冷静的头脑，稳住场面，最后作出正确的判断。浮躁的情绪会影响外向者的判断，心急如火的样子只会使事情变得更加混乱。在这方面，内向者比较稳重，所以容易成大事。

弟弟曾国荃曾写信给曾国藩，他在信中说："仰鼻息于傀儡膻腥之辈，又岂吾心之所乐。"对此，曾国藩告诫弟弟："你已经露出了浮躁的情绪了，将来恐怕难以与人相处。"在曾国藩看来，能耐烦的好处就是从容平静，一个人只有在安静时才能产生智慧，这样才能处变不惊，才能安稳如山。

有一次，曾国藩率部追击捻军。可是，在那天夜晚，捻军却突然来袭，当时，曾国藩手下的湘军护卫仅有一千余人。眼见捻军来袭，许多湘军情绪变得异常躁动不安，对此，当时的文书急忙向曾国藩报告说："现在已经到了半夜，直接出战肯定不行，突围又恐外面危险重重，但是，如果我军按兵不动，假装不知道，捻军一定会生疑心，或许能够不战自退。"曾国藩对此计策大为赞赏，他高卧不起，文书也十分镇静。湘军看见曾国藩那么镇静，大家也都平静了下来，军队恢复了常态。

第3章
慎思笃行，内向者这些心理优势要发扬

捻军见状，怀疑曾国藩设有埋伏，徘徊不前，不敢贸然进攻，最终只得匆匆撤去。

曾国藩说："本部堂常常用'平实'二字来告诫自己，想来这一次必能虚心求善，谋划周全以后再去打，不会像以前那样草率从事了。"情绪浮躁之人，很容易干出草率的事情，因为情绪一旦变得躁动不安，就难以平静地思考，反而有可能做出一些不理性的行为，这样一来，不是自惹麻烦吗？

现代社会，部分外向者的心情变得越来越浮躁，做事没有恒心，心绪不宁，脾气大，忧虑感强烈。在工作中，常常遇到一点点困难就想放弃，心生浮躁，结果什么都干不好。如果有人指出了其缺点，他还会大发脾气，同时，又深感忧虑，感到自己总是处处不如人，产生严重的自卑心理。事实上，内向者才是真正成大事者，因为他们总能克制自己浮躁的情绪，谨慎做事。

1. 很耐烦

小松是一个情绪浮躁的人，在公司，有时候，他需要别人的帮助。可是，当别人正思考该怎么做的时候，他常常一副不耐烦的样子："哎呀，要是想不出来，还是我自己去吧，真是愁死我了，你还跟我整这套。"时间长了，同事一听说他请求帮助，都会委婉拒绝。谁知道，这样一来，他的情绪更加浮躁了，整天在办公室指桑骂槐，整个人就没有安静下来的时候。就连经理也听闻了他的一些事情，开始将一些重要的工作交给其他人去做，对他也不那么重视了。

2. 更慎重处理

内向者做任何事情都很有耐心。俗话说："人生不如意十之八九。"内向者明白，面对那些不合自己心意的事情，总是怨天尤人也不是办法，只有将浮躁的情绪平息下来，才能平静地思考，慎重处理才是解决问题的根本办法。否则，任由情绪浮躁，只会使事态变得更加严重，自己也难以控制大局。

3. 知足常乐

内向者一般能避免浮躁的情绪，最重要的一点就是懂得知足。而有些外向者正好相反，对自己目前的处境并不满意，心中就会产生浮躁的情绪，比如，不满工资的待遇而辞职，不满上司而故意拖延工作，等等。其实，当你懂得知足，心就会平静下来，一个人没有过多的欲望就不会浮躁。在工作中，一步一个脚印，踏踏实实向前走，你会发现，杂乱的心绪已经平静了下来。

内向者心理启示

曾国藩说："我曾经说过，做到了'贞'，足够干一番事业了，而我所欠缺的，正是'贞'。竹如教给我一个'耐'字，其意在让我要在急躁浮泛的心情中镇静下来，达到虚静的境界，以渐渐地向'贞'靠近，这一个字就完全能够医治我的心病了。"因为内向者不受浮躁情绪干扰，表现得更有耐心。

内向者更善于担任倾听者的角色

倾听是一种美德，没人会喜欢开口就叽叽喳喳的鸟儿，人们更喜欢能够认真倾听自己说话的人。内向者恰恰可以将这一美德表现出来，于是在沟通中他们更善于赢得主动位置。最后所造成的结果是无往不利。外向者习惯滔滔不绝，结果多说话会给他们带来很多负面的影响，如使他人产生戒心，认为外向者有某种企图；或对你敬而远之，因为他没有义务当你的倾诉桶。况且，说话这件事，说得多了，难免会出错，而且暴露的信息太多，就会被别人看穿。所以，应该如内向者这般，做一个忠诚的倾听者，并将这样的美德发扬下去，自然他们会赢得比别人更多的机会，获得更多的信息。

小罗是一个很受欢迎的人，他常常会接到不同的邀请，而在各种社交场合，他能和大家打成一片。朋友小林十分敬佩他，不过，他始终没能找到小罗的社交秘诀。

有一天晚上，小林参加一个小型的社交活动，一到场他就看见了小罗和一个气质高雅的女士坐在角落里。小林发现，那位年轻的女士一直在说，而小罗好像一句话也没说，只是偶尔笑一笑，点点头。回家的路上，小林忍不住问小罗："刚才，那位年轻的女士好像完全被你吸引住了，你是怎么做到的？"小罗笑着说："刚开始我只是问她：'你的肤色看起来真健康，去哪里度假了吗？'她就告诉我去了夏威夷，还不断称赞那里的阳光、沙滩，之后顺理成章地，她就开始讲起了那次旅行，接下来的两个小时她一直在谈夏威夷，最后，她觉得和我聊天很愉快，但我实际上并没有说几句。"

看完了这个案例，想来，我们应该清楚小罗为什么总是那么受欢迎了吧？是的，原因就是认真地倾听。其实，在沟通过程中，倾听是对谈话者最基本的尊重，同时，也是有效沟通的前提。懂得倾听，认真地倾听，让对方感受到你的注意力，让他觉得你对他所谈的内容很感兴趣，那么，你对他的心理距离就会缩短。在这种友好的氛围中，对方更容易对你产生好感，而你掌握主动权的概率会更大。

有一次，乔·吉拉德拜访了一个有趣的客户，一开始，客户就喋喋不休地谈论自己的儿子，他十分自豪地说："我的儿子要当医生了。"乔·吉拉德惊叹道："是吗？那太棒了！"客户继续说："我的孩子很聪明吧，在他还是婴儿的时候，我就发现他相当聪明。"乔·吉拉德点点头，回应道："我想，他的成绩非常不错。"客户回答说："当然，他是他们班上最棒的。"乔·吉拉德笑了，问道："那他高中毕业后打算干什么呢？"客户回答："他在密歇根大学学医，这孩子，我最喜欢他了……"话匣子一打开，客户就聊起了儿子在小学、中学、大学的趣事。

第二天，当乔·吉拉德再次打电话给那位客户时，却被告知客户已经决定买自己手中的车，而客户的原因很简单，他说:"当我提起我的儿子吉米有多骄傲的时候,他是多么认真地听。"

认真倾听,使得乔·吉拉德赢得了一份订单,如此看来,"倾听"确实是一种讨人喜欢的行为。在日常交际中,人们习惯用语言来交流思想,用心来沟通感情,但是,沟通与交流需要的仅仅是语言吗?这是否定的,在很多时候,人们都很容易忽视耳朵的作用,也就是倾听。倾听是一种交流,更是一种亲近的态度,只有倾听才能领略别样的风景,只有倾听才能真正地走进对方的心里。

事实上,倾听有很多奇妙的作用。

1. 表示一种理解

有时候,即使内向者不能认同对方的做法,也会表示出理解"您说的很有道理,我非常理解您""谢谢您,如果我站在您的位置,也会有与您一样的想法"。话说到了对方心坎儿上,对方会不自觉地受你影响。

2. 维护对方的自尊心

美国著名哲学家詹姆斯曾经说过:"人类天性的至深本质就是渴求为人所重视。"当对方的表述有些偏颇的时候,内向者会维护对方的自尊心,尽量以委婉的表达方式传递这样的信息:"您说的非常有道理,但我相信,每个企业,毕竟都有它存在的理由。"

3. 给予具体而新颖的赞美

每个人都渴望别人的赞美与认同，当内向者察觉出对方有这方面的心理需求的时候，知道给予具体而新颖的赞美之词，比如，"您的声音真的非常好听""听您说话，我就知道您是这方面的专家""跟您谈话我觉得自己增长了不少见识，谢谢您了"。这些恰到好处的赞美会触动对方内心，继而赢得对方的信任，最终达到影响对方心理的目的。

4. 懂得倾听

布里德奇说："学会了如何倾听，你甚至能从谈吐笨拙的人那里得到收益。"倾听并不是没有任何意义的随声附和，不少内向者可以从说话者那里获取大量的信息，从而赢得对方的喜欢。不过，倾听也是有技巧的，除了听之外，需要适时地重复对方话语中的关键字眼。当然，倾听比说话更需要毅力和耐心，假如你只是埋头玩自己的手机，或者把头转向一边，这样无疑会打击说话者的积极性。

💡 内向者心理启示

在内向者看来，倾听是说话的前提，先听懂别人的意思，再表达出自己的想法和观点，才能更有效地沟通。同时，听懂了别人的意思，我们才有机会掌握沟通的主动权，最后，有效地掌控其心理，达到自己的目的。

内向者更善于隐藏实力

老子说:"大巧若拙,大辩若讷。"意思就是说那些大智慧的人、真正有本事的人,虽然有丰厚的才华学识,但平时像呆子,从来不自作聪明;有的人虽然能言善辩,但表现得就好像不会说话一样。其实,前者所说的就是内向者,后者则是外向者。早在几千年以前,老子就一语道破了内向者与外向者的玄机。不管内向者出于什么样的位置,不露锋芒,不随处显示自己的聪明,这样更容易成才。

一个人有绝顶的聪明,有满腹才华,固然是好事,但在合适的时机运用才华而不被或少被人所妒忌,避免功高盖主,这才是最大的才华。人们常常用"聪明"这个华丽字眼儿来形容一个人的智慧,实际上,"聪明"是个值得玩味的词,它虽然透露出"智慧",但也隐含着"不稳重、浮躁、爱表现"的意思,所以,有时候"聪明"也是一个贬义词。

汉武帝即位之初,下诏征求贤良有识之士,东方朔也赶来凑热闹,他上书说:"臣自幼失去父母,由兄嫂养大,12岁开始学书法,三年之后文史知识足资运用;15岁学击剑;16岁学诗书,背诵22万言;19岁学习孙武兵法,战阵排列。臣身高九尺三寸,眼睛明亮如宝珠,牙齿整洁如有序的贝壳,像孟贲一样勇敢,像庆忌一样敏捷,像鲍叔一样廉洁,像尾叔一样忠信。像我这样的人,可以做陛下的大臣。"这份奏章自视甚高，油腔滑调，偏偏汉武帝觉得此人比较奇特，下令东方朔等诏于公车。

有一天，东方朔陪汉武帝游上林苑，汉武帝指着苑中一棵树，问东方朔："此树叫什么名字？""叫善哉。"东方朔随口答道。汉武帝暗中叫人将这棵树做了记号，并记下东方朔说的树名。几年后，汉武帝和东方朔又来到那棵树前，汉武帝问东方朔："此树叫什么名字？""叫瞿所。"东方朔随口说道。

汉武帝脸色一沉，呵斥道："你竟敢欺君，同一棵树，为何有两个名字？"东方朔不慌不忙地回答："陛下，马长大之后，我们才叫它马，在它小时候，我们却称之为驹；鸡也一样，在它小时候，我们叫它雏。这棵树也有一个生长过程，我以前叫它善哉，现在叫它瞿所，有什么好奇怪的？"汉武帝明知东方朔在诡辩，但对他的足智多谋非常欣赏，就没有追究。

东方朔聪明绝顶，但一直没能得到汉武帝的重用，多数时间只是郎官，仅供汉武帝取乐而已。东方朔也曾满怀壮志，上书陈请农战强国的大计，但是，汉武帝始终没有采纳他的意见，而这主要是因为汉武帝认为他小聪明太多的缘故。

聪明算得上是一件好事，但是像东方朔这样炫耀卖弄则不可取。东方朔既有大智慧，也有小聪明，然而他并不懂得大智若愚的道理，对任何事情都喜欢耍小聪明，自然给汉武帝一种油腔滑调、难以相信的感觉，这也是他虽有大智却难以得到重用的原因。

真正的聪明人，他是不随便显露自己的聪明，甚至给人的感觉是愚蠢笨拙的，表现得既谦虚又谨慎。有人认为谦虚或谨慎是一种消极的人生态度，实际上，倘若一个人能够谦虚诚恳地对待他人，就会赢得他人的好感；如果他能够谨言慎行，还有可能赢得他人的尊重。所以，做一个大智若愚的内向者，深藏自己的智慧，这才是人生至善至美的境界。

1. 别太聪明，而要智慧

我们常说智慧人生，这里就不能不涉及聪明和智慧。虽然，在很多时候，我们喜欢把聪明与智慧混为一谈，但实际上，聪明和智慧是两回事，聪明是一种生存的能力，而智慧则是一种生存的境界。世界上真正聪明的人并不多，而智者更是罕见，连大哲学家苏格拉底都说自己是无知的。也许，我们没有办法做一个大智者，但却可以做一个大智若愚的人，掩饰自己的聪明，不妨活得糊涂一点。

2. 难得糊涂

郑板桥说："聪明难，糊涂更难。"其实在这里，糊涂更需要智慧，所以，"难得糊涂"实际上就是难得智慧。生活中，我们每个人都想做一个聪明的人，更是处处展现着自己的聪明才智，殊不知，"聪明外露就是不聪明"。有人说："聪明人能装得不让人觉得聪明，那才是真聪明。"那些表面上聪明的人，人们是不喜欢的，聪明并不是坏事，但外露了，就是坏事了，因为会招人嫉妒，另外还会得罪人。所以，尽可能地掩饰自己的聪明，做一个人生路上的大智者。

3. 内向者的内敛，让人感觉很安全

一个拥有大智慧的人，他从来不会到处炫耀自己的聪明和才华，因为他懂得更好地保护自己，这样的人才是真正有智慧的人。有人说，聪明伶俐，人见人爱。其实并不是这样，那些到处显露聪明的人实际上并没有受到人们的喜欢，相反，他们会处处受到排挤，最后郁郁不得志。

我们深究其原因，那就是他们锋芒太露，太过张扬，从来不掩饰自己的聪明，甚至为了表现自己的聪明才智，他们常常口若悬河、直抒胸臆，丝毫不考虑别人的感受；或者毫不留情地当面指出对方的错误，不给对方台阶下。也许，当他们表现自己时是得意的，但随后就会沦落为失意者。

内向者心理启示

有时候自以为很聪明的行为，无形之中给自己人生路上增加莫大的阻碍，还会因为抢了人家的风头而招人妒忌，或是阻碍了自己的前程，招来杀身之祸。所以，在这方面需要向内向者学习。

内向者多大智若愚，外向者易成枪打出头鸟

在我们身边有许多内向的糊涂虫，也有不少喜欢出头的外向者，他们两者的区别就在于做人的姿态。内向的糊涂虫乐在糊涂之中，甘愿掩饰自己的真实想法，给人毫无威胁之感的亲和之态；外向出头鸟恃才傲物，处处表现自己，唯恐自己的才华被埋没。所以，这两者的结局也是迥然不同的，糊涂虫秉承"糊涂学"，过着快乐幸福的生活；而出头鸟却因为太出风头，被猎人击中了。

因而，在人生的道路上，我们更愿意做一只什么都不知道的糊涂虫，而不要做处处出风头的出头鸟，因为糊涂虫往往比出头鸟活得更长久。也许，有人会觉得糊涂虫的人生哲学有点消极，总是极力地逃避，但实际上这是一种人生的境界，避开锋芒，自显光芒，这才是糊涂虫的美丽人生。糊涂虫之所以糊涂，是因为它在糊涂之间躲过了猎人的追杀，保全了自己，最终得以成就自我；而出头鸟太聪明了，却因为自己的聪明而丢了性命，又何谈人生抱负？人生难得糊涂一点，你才会赢得属于自己的人生。

杨修是个文学家，才思敏捷，灵巧机智，后来成为曹操的谋士，官居主簿，替曹操典领文书，办理事务。有一次，曹操造了一所后花园。落成时，曹操去观看，在园中转了一圈，临走时什么话也没有说，只在园门上写了一个"活"字。工匠

们不解其意，就去请教杨修。杨修对工匠们说，门内添"活"字，乃"阔"字也，丞相嫌把园门造得太宽大了。工匠们恍然大悟，于是重新建造园门。完工后再请曹操验收。曹操大喜，问道："谁领会了我的意思？"左右回答："多亏杨主簿赐教！"曹操虽表面上称好，心底却很忌讳。

后来，曹操出兵汉中进攻刘备，被困在了斜谷界口，想进兵，又被马超拒守，想收兵回朝，又害怕被蜀兵耻笑，心中犹豫不决，正碰上厨师端进鸡汤。曹操见碗中有鸡肋，因而有感于怀。正沉吟间，夏侯惇入帐，禀请夜间口号。曹操随口答道："鸡肋！鸡肋！"惇传令众官，都称"鸡肋"。行军主簿杨修见传"鸡肋"二字，便命令随行军士收拾行装，准备归程。有人报知夏侯惇。夏侯惇大惊，遂请杨修至帐中问道："公何收拾行装？"杨修说："从今夜的号令来看，便可以知道魏王不久便要退兵回国，鸡肋，吃起来没有肉，丢了又可惜。现在，进兵不能胜利，退兵恐人耻笑，在这里没有益处，不如早日回去，明日魏王必然班师还朝。所以先行收拾行装，免得临到走时慌乱。"夏侯惇说："您真是明白魏王的心事啊！"他也开始收拾行装。于是军寨中的诸位将领没有不准备回去的行装的。曹操得知这个情况后，传唤杨修问他，杨修用鸡肋的意义回答。曹操大怒："你怎么敢造谣生事，扰乱军心？"便喝令刀斧手将杨修推出去斩了，将他的头颅挂于辕门之外。

杨修为人恃才放荡，数犯曹操之忌，杨修之死，植根于他的聪明才智。他本是一个绝顶聪明的人，而且才华横溢，但其才盖主，却又滔滔不绝，这就犯了曹操的大忌。当曹操无意间说了"鸡肋"二字，本来曹操就在苦闷，不知道该如何解脱，而杨修却做了一只出头鸟，捅破了那层薄纸，无形之中羞辱了曹操，这就是杨修致死的原因之一。人生在世，我们就要善于吸取这样的教训，甘做内向糊涂虫，不做外向出头鸟。

1. 外向者更容易成为"枪打的出头鸟"

在日常生活中，我们有时候会遇到这样的情况：有一些事情，几乎每个人都想到了，也认识到了，却没有一个人当众说出来。实际上，这些人都愿意做糊涂虫，而不愿意做出头鸟。人所共欲不言，言者乃大愚也。俗语曾说："枪打出头鸟。"在一些场合，外向者争着说话，必定是犯了时忌，或者无意间说中别人的痛处，这样就会倒霉了。

2. 内向的糊涂虫比外向的出头鸟活得更长久

有的出头鸟因为才华横溢，所以强出头，殊不知却犯了大忌。自古以来，许多将帅帝王都不喜欢臣子胜过自己，比如说乾隆皇帝。他喜欢卖弄才情，闲暇之余写点小诗，他上朝时就经常出一些精辟的题目考问大臣。这时候，大臣们都装糊涂，明明知道那是很浅的学问，却不说破，故意冥思苦想，并请求皇帝开恩"再思三日"。这时候，乾隆皇帝自己细细道来，赢得了大臣的一片礼赞之声，乾隆帝自然是喜不自禁。

如果这时候哪个人做了出头鸟，在皇帝面前出尽风头，自然得不到皇帝的宠爱，反而心生忌讳。所以，有许多出头鸟的最终结果是丢了性命，而糊涂虫可以活得更长久，试问，你是愿做糊涂虫还是出头鸟呢？

内向者心理启示

所谓"人怕出名猪怕壮"，人出名了，必会招来侧目而视，这就是惹祸的根由。所以，装作什么都不知道是最好的，做一只快乐而单纯的糊涂虫，让自己的人生五彩斑斓。

第4章　战胜恐惧，内向者要冲破困住心灵的枷锁

对于内向者而言，社交恐惧会给自己的生活和工作带来影响，所以一定要勇敢正视，尽量解决自己的问题，让自己走出恐惧的阴影。对于社交障碍，内向者要客观看待，只有越过这道障碍，才能与他人建立稳定而和的人际关系。

内向者需要走出去，跨越社交恐惧

内向者讨厌面对人群或害怕面对人群，他们觉得恐惧、不好意思，对自己以外的世界有着强烈的不安感和排斥感。他们常常逃离人群，除了几个亲近的人之外，他们不愿意与外面的世界沟通。他们大多都有人际交往障碍，他们心里有很多苦恼："我性格内向，不愿和别人交往，我挺烦的，怎样才能做一个善于交际的人呢？""我是一个女孩，我想说的是，我无论和男的或女的说话时，不敢看对方的眼睛，手一会儿挠头一会儿揣兜，不知道该怎么办？""我太在乎别人对我的看法，和别人沟通时，我都担心别人怎么看我，尤其是面对比较重要的人，我还有点自卑……""我觉得我自己心理上有问题，很多时候很想跟别人聊天，但又不知道有什么好聊的，而且我很害羞，说话也不敢大声，我感觉自己好胆小好内向。"从这些

心声中，我们可以看出他们中的大多数只是性格内向不善于交际，或是不懂得社交的艺术，而导致社交过程中出现不适，而并非他们不愿意与人交往。

艳艳17岁了，是一所普通高中二年级的学生，爸爸和妈妈都是大专毕业，在机关工作。因为家里只有她一个孩子，全家人对她都很疼爱，不过，她爷爷对她要求严格，希望她将来可以作出一番大事业。艳艳从小就很腼腆，不喜欢说话，家里来陌生客人了，她也是经常避而不见。在整个读书期间，她都没什么朋友，平时不上课就宅在家里。

但现在艳艳读高中了，她开始寄宿了，感觉很多事情不顺利，她很苦恼，常常向妈妈抱怨，一副不知所措的样子。前不久，在学校里一个男生无意中用余光瞄了一下艳艳，她就觉得对方在警告自己。从此，她更害怕与人打交道了，尤其是遇到异性时，她异常紧张，注意力无法集中，学习没有效率。后来，严重的时候，发展到与同性、与老师不敢视线接触。她常常对妈妈说："妈妈，我很痛苦，好苦恼，可又不知道该怎么办。"

在青春期，性格内向的女孩子们很容易患上社交恐惧症，严重的还会发展成社交恐怖症。在青春期，一个人生理和心理都会发生急剧的变化，如果在这一阶段遇到心理问题，没有解决好，就很可能影响她们将来的升学、求职、就业、婚姻等一系列社会化进程。

1. 尽可能与他人交往

内向者总是一个人宅在家里，时间长了就会脱离社会。所以，如果要突破自己的交际恐惧，就需要走出家门，尽量与他人交往。在与他人的交往中，会遵守共同的规则，学会了交往，学会了尊重别人。而且，从中还可以学会如何与人合作，如何交朋友。

2. 参加活动可以帮助你拓展圈子

在家里，有可能你所接触到的就是自己的家人，有时候，甚至是姐妹兄弟。即便是一起工作的同事，也只是打过照面，没有真正接触，更别说成为朋友了。而公司举办的一些有意义的集体活动恰好为你提供了这个机会，在活动中，你可以认识更多的朋友，相应地，也拓展了你的交际圈子。

3. 参加活动可以有效锻炼你的交际能力

有的人比较羞涩，性格内向，他们的交际能力较差，像这样人更应该参加一些有意义的集体活动。在活动中，气氛比较热烈，能够激起大家聊天的欲望，如此一来，能够有效地锻炼你的交际能力，提升你的口才水平。

4. 要知道没什么可怕的

内向者要知道在交际场合没什么可怕的，即便出现了最糟糕的场景，都应该将一切可能发生的最糟糕的情况列举出来，最后发现其实也没什么大不了的。所以，让自己冷静下来，做好自己，没什么可怕的。

5. 做一个主动者

奥巴马总是面带微笑自信地走向大家，然后花一段时间向在座的人介绍自己，他一切的行为都令他看起来非常自信，极具总统范儿。假如一个人总是低着头走路，等待别人来和自己打招呼，结果很容易被身边的人忽视。

内向者心理启示

内向者无法主动走出自我的世界，也不愿意加入人群。他们只要在人多的地方就会觉得很不舒服，总害怕别人在注意自己、担心自己被批评。实际上，他们的一切行为都源于内心的恐惧，一旦内心的恐惧消失了，他们就会慢慢变得自信起来。

从第一次公开讲话开始克服内心的恐惧

造成内向者当众不能有效说话的最大障碍是什么？胆怯，这也是大多数人面对听众时首先遇到的最大障碍。在现实生活中，我们无法避免的事情就是每天与各式各样的人打交道。确实，社交就是展现一个人风采的重要场所，你可能会与重要人物交谈，当众表达你的观点，甚至还会出现在酒会、晚宴、谈判的场合。这时因为胆怯，人们总是选择退却，即便是鼓起勇气去了，却因表现失态，把整个场合搞得更尴尬。当再次需要

第4章
战胜恐惧，内向者要冲破困住心灵的枷锁

当众说话时，你又开始胆怯、心慌、全身发抖，时间长了，胆怯在一次次窘态中越来越嚣张，以至于你几乎丧失你所有的自信和勇气。

某一年，在纽约举办了一个世界演讲学大会，在这个大会上有许多演讲学的教授需要当众发表自己的论文。当时，有一位教授担心自己的形象得不到大家的认可，他越想越恐惧，结果上台没说几句话就晕倒在地了。本来在他后面一个发言的教授还在不断地练习演讲，一看前面的教授晕倒了，他心里感到一阵恐惧，额头上冒出豆大的汗珠，不知不觉地他就在台下晕过去了。

在世界演讲学大会上出现了两位教授因胆怯而晕倒，这确实是一件有趣的事情。原来，胆怯是每个人都有的一种心理素质，只是程度不同而已。不仅仅是内向者才畏惧当众说话，就连许多所谓的大人物也是如此。因此，明白了这个道理，相信对内向者克服内心的胆怯是很有帮助的。

一位实习老师第一次走上讲台，当学生起立的时候，师生之间互相问候，这位刚刚踏出校门的小伙子竟不知道该说些什么，之前准备好的开场白不知道跑哪里去了。心慌之余，他红着脸，用颤抖的声音说了句："老师，您好！"同学们面面相觑，继而哄堂大笑，而那位实习老师则不知所措，低着头站在讲台上。

他努力想让自己镇静下来，但越是这样，越忍不住心虚

害怕。当他下意识地掏出手帕想擦掉额头上的汗珠时，课堂再一次沸腾了。小伙子心里纳闷了，后来经过同学们的暗示，他才发现自己手里拿的不是什么手帕，而是一只袜子。他更恐惧了，心想可能是昨晚洗脚时无意中将袜子塞进了衣兜里。

整个教室快闹翻了天，他窘得无法自控，只好跑下了讲台，慌乱之中踢到了台阶，差点摔个四脚朝天，幸亏他眼疾手快扶住讲台，才没有摔倒。

这位刚出学校的小伙子无法克服内心的胆怯，因此第一次登台就窘态百出，无疑，克服胆怯是当众说话的第一关卡。其实，有许多所谓的大人物最初当众说话都是不完善的，但最终他们都无一例外地成了当众说话的高手。比如，古罗马著名演讲家希斯洛第一次演讲就脸色发白、四肢颤抖；美国的雄辩家查理士初次登台时两条腿不停地抖；印度前总理英·甘地首次演讲时不敢看听众，脸孔朝天。为什么最后都发生了如此巨大的变化？唯一的原因就是他们克服了内心的胆怯。

克服胆怯是当众说话的第一关卡，对此我们应该想方设法克服内心的恐惧，勇敢地跨出当众说话的第一步。

1. 心中有听众，眼里无听众

有一位老师初次登台讲课就很不错，有人问他秘诀，他说："我在备课时心中一直想着学生，可上了讲台，我眼中所见，就只有桌椅而已，这样我就不怯场了。"当众说话有一个秘诀叫作"视而不见"，也就是在说话前心中有听众，在讲话时眼里不能有听众,而是按照自己的意图去进行语言表达,对下面的听众视而不见,这样会消除你内心的恐惧感和紧张感。

2. 抱着"无所谓"的态度

任何一个初次当众说话的人都有些胆怯,既然避免不了当众说话的环节,为什么还需要为此害怕呢？美国前总统罗斯福曾说过:"每一个新手,常常都有一种心慌病。"其实,心慌并不是胆小,而是一种过度的精神刺激。任何人都不是天生敢在公众场合自如说话的,都有一个艰难的"第一次"。只要你抱着"无所谓"或者"豁出去"的态度,管他三七二十一,这样整个人也就放开了。

💡 内向者心理启示

美国的心理学家曾做过一个有趣的问卷调查,问题是:"你最恐惧的是什么？"调查的结果令人大跌眼镜,"死亡"原本如此让人恐惧的事情却排在了第二,而"当众说话"却高居榜首。相对于做其他的事情,有41%的人觉得当众说话是最恐惧的事情,甚至比死亡更可怕。同样的调查在大学里也做过,结果有80%~90%的大学生对当众说话很是恐惧。由此可见,在公众场合说话,感到恐惧和胆怯是一种很普遍的现象。

开口微笑，缓解你内心的紧张

有人说戴安娜是微笑的专家，她用微笑征服了全世界。现在我想我们应该清楚为什么她会受到全世界男女老少的喜爱了，为什么有那么多不认识的人给她献花。这么多年过去了，这个既不是政治家，也不是企业家，当然更不是艺术家的女人却被那么多的人缅怀着。如果你再仔细地观察戴安娜的照片，你会发现她的每一张照片都在微笑：牙齿露出，嘴角呈一道弧线。她的眼睛里充满了笑意，充满了善意，如果说微笑是全世界共同的语言，那么在她身上得到了进一步的验证。不需要任何人的翻译，不需要开口，所有的人都懂得她在说什么，那就是一个善意的微笑。

美国钢铁大王卡内基说："微笑是一种神奇的电波，它会使别人在不知不觉中认可你。"

曾在一次盛大的宴会中，一位平日对卡内基很有意见的商人当众抨击他，大家都尴尬地看着卡内基，但卡内基本人却安静地站在那里，脸上带着微笑。当那位商人与卡内基对视的时候，他难堪地低下了头。卡内基的脸上依然挂着笑容，他走上前去亲热地跟那位商人握手。后来，那位商人成了卡内基的好朋友。

内向者的紧张感能引起思维混乱，甚至大脑短路，身为内向者的你之所以会紧张是因为尚未掌握正确的调节心理的方

第 4 章
战胜恐惧，内向者要冲破困住心灵的枷锁

法，这时你越是想镇静下来却越紧张。其实你越是想控制紧张，它就会变成一种妖魔，更加厉害。而应付紧张感最好的办法就是微笑，放松你的下巴，抬起你的脸颊，张开你的嘴唇，向上翘起你的嘴角，用轻松的节奏对自己说"我很好"。这样给人的感觉很好，而又给人有能力的感觉，好像你真的放松了下来。并且你内心的紧张感慢慢消失了，随之涌上来的是满足、轻松的心理状态。在如此健康的状态下，内向者会在交际场合如鱼得水。

安安是一位爱笑的女孩子，难堪时微笑，紧张时也微笑，高兴时微笑，难过时也微笑。但就是这样一位喜欢微笑的女孩子，却天生胆子小，说话时声音像蚊子一样小，不了解她的人还以为是害羞，其实她就是这样。

大学毕业的论文答辩会上，安安不幸被抽中了，这意味着她需要在几百人的大厅里当众说话。安安还是第一次遇到这样的场合，这该如何是好呢？安安害怕得快要哭出来，论文指导老师知道了这件事，安慰安安说："你知道你给人最大的印象是什么吗？"安安不解地摇摇头，老师说："你最大的特点就是微笑，而这正好是缓解紧张感的秘诀，当你觉得很紧张、很害怕的时候，不妨微笑，不仅对着听众微笑，还需要对着自己微笑，告诉自己'放松点'，这样你就真的会放松下来。"安安若有所悟地点点头。

在论文答辩会上，安安脸上始终保持着微笑，每当不知道该怎么说的时候，每当紧张的时候，她微笑面对，台下的老师和同学就会善意地看着她，不哄笑，也不唏嘘，只是等着她继续说下去。最后，安安顺利地完成了答辩。

因为微笑，安安不再紧张；因为微笑，安安征服了所有的听众。雨果说："微笑是阳光，它能消除人们脸上的冬色。"对当众说话来说，微笑不仅能够缓解内心的紧张感，而且还会化解观众内心对你的不解和抵触。微笑对观众的征服是自然而然的，既然它能兵不血刃地征服对手，更不用说征服你的听众了。

1. 对着镜子练习微笑

对着镜子练习微笑，你的眼睛可以看到标准的微笑形象，并在脑海中形成一个视觉的记忆，以后再微笑时，你的脑海中就会浮现出微笑的形象，从而帮助你加强记忆。

2. 每天多次练习微笑

有人说每天需要练习一百遍的微笑，因为微笑是一种肌肉记忆训练，那些不喜欢笑的人，并非他不开心，而是他的脸部肌肉长期不动，已经僵硬了。如果你每天练习微笑比较少，那就难以形成肌肉记忆。所以，天天对着镜子练习微笑，时间长了，不知不觉微笑就能长期保留在你的脸上了。

内向者心理启示

其实，微笑不仅仅是一个人最好的名片，而且也在某种程度上能减少人们内心的紧张感。尤其是内向者在交际场合中，如果你实在不知道说什么，那即便一个微笑，也能够很好地让人们感受到你内心的阳光与温暖。

主动打招呼，缓解尴尬和紧张气氛

在每天的人际交往中，我们都在频繁地与人打招呼，招呼表示一种问候，一种礼貌，一种热情。其实，内向者千万不要忽视了一个招呼的作用，一个小小的招呼就是人际交往中的润滑剂。对同事的一个招呼，可以有效地化解彼此之间的敌意；对朋友的一个招呼，可以唤起双方之间深厚的友谊；对陌生人的一个招呼，可以减少彼此之间的陌生感。总而言之，一个招呼可以使人与人之间的关系更加和谐、融洽。特别是我们在与陌生人的交往中，恰到好处的一个招呼是必不可少的。

《塔木德》中说："请保持你的礼貌和热情，不管对上帝，对你的朋友，还是对你的敌人。"如果内向者能够奉行这一原则，就会在复杂的人际交往中获益匪浅。有时候，仅仅是一个看似不经意的招呼，会加深你在陌生人心中的印象，会增加陌生人对你的好感。你们之间的关系常常在这种不经意间变得更加密切，而对你赢得陌生人的友谊也有很大的帮助。

1930年，西蒙·史佩拉传教士每日习惯于在乡村的田野之中漫步很长时间。无论是谁，只要经过他的身边，他都会热情地向他们打招呼问好。他每天打招呼的对象中有一个叫米勒的农夫。米勒的田庄在小镇的边缘，史佩拉每天经过时都看到米勒在田间辛勤地劳作。这位传教士就会向他打个招呼："早安，米勒先生。"

当史佩拉第一次向米勒道早安时，米勒根本没有理睬，只是转过身子，看起来就像一块又臭又硬的石头。在这个小镇上，犹太人与当地居民相处得并不好，更不可能把这种关系提升到朋友的程度。不过，这并没有妨碍或打消史佩拉传教士的勇气和决心。一天又一天地过去，他总是以温暖的笑容和热情的声音向米勒打招呼。终于有一天，农夫米勒向教士举举帽子示意，脸上也第一次露出一丝笑容了。这样的习惯持续了好多年，每天早上，史佩拉会高声地说："早安，米勒先生。"那位农夫也会举举帽子，高声地回道："早安，西蒙先生。"这样的习惯一直延续到纳粹党上台为止。

当纳粹党上台后，史佩拉全家与村中所有的犹太人都被集合起来送往集中营，最后他被关押在一个位于奥斯维辛的集中营。从火车上被赶下来之后，他就在长长的行列之中，静待发落。在行列的尾端，史佩拉远远地就看出来营区的指挥官拿着指挥棒一会儿向左指，一会儿向右指。他知道发派到左边的就是死路一条，发配到右边的则还有生还的机会。他开始紧张了，越靠近那个指挥官，他的心就跳得越快，自己到底是左边还是右边？

终于，他的名字被叫到了，突然之间血液冲上他的脸庞，恐惧消失得无影无踪了。然后那个指挥官转过身来，两人的目光相遇了。他发现那位指挥官竟然是米勒先生，史佩拉静静地对指挥官说："早安，米勒先生。"米勒的一双眼睛看起来依然冷酷无情，但听到他的招呼突然抽动了几秒钟，然后也静静地回道："早安，西蒙先生。"接着，他举起指挥棒指了指说："右！"他一边喊还一边不自觉地点了点头。"右！"——意思就是生还者。

一句简单的问候，小小的招呼——"早安"，竟挽救了自己的生命。其实，礼貌和热情都是人际交往的润滑剂。正是那句真诚的问候感动了刽子手，史佩拉才得以生存下来。因此，我们在面对周围的陌生人时，尽可能地展现我们的礼貌和热情，主动打个招呼吧。

1. 消除彼此的陌生感

也许在初次见面，第一次打招呼的时候，双方都会觉得有点不自然，彼此是陌生的，也不会有多少感触。但是，当你们第二次在大街上碰到，你不经意喊出对方的名字，跟对方打个招呼，对方就会有种说不出来的亲切感。并且这种亲切感随着你们一天一天地打招呼、彼此寒暄会变得更加强烈，到最后你们再见面时，已经完全没有了疏离感，彼此已经不再陌生，甚至有可能会成为好朋友。其实，人与人之间的关系就是这样建立起来的，仅仅是一个招呼，它就足以让双方不再陌生。

2.拉近双方之间的距离

在我们日常生活中，领导和下属打招呼，看似很少见的举动，可它正悄悄地拉近上下级之间的距离。这时候，领导不再是高高在上，而是像朋友之间的互相问候。领导与下属之间的关系是企业管理的核心，如果下属只是一味地惧怕你，那么，这样的企业就不能进行有效的管理与沟通。当领导与下属因为一声招呼、一句问候而成为朋友，他们之间就是一种平等的关系，当工作出现了问题，双方就可以互相讨论如何来解决。因此，领导者要想管理好一个企业，处理好上下级之间的关系，那就要从打招呼做起。

内向者心理启示

对内向者来说，向一个陌生人打声招呼并不是一件困难的事情。这只需要我们在见面时互相问一声"早上好""中午好""晚上好"，即便是一个微笑、点头，那也是一个招呼。有时候，不用因为过多的礼节而挖空心思去与对方寒暄几句，只是打声招呼，就足以唤起对方心中的温暖。没有一个人能够拒绝温暖的微笑和热情的声音，这些不仅仅能够博得对方的好感，也会化解对方冰冷的心。

第 4 章
战胜恐惧，内向者要冲破困住心灵的枷锁

社交活动对于内向者意义重大

在日常的社会交际中，总有许多层出不穷的活动，比如，慈善晚会、新品发布会、某某周年庆、画廊酒会等商务聚会，还有很多鸡尾酒会、圣诞宴会等。其实，并不是人们热衷举办这样形形色色的宴会活动，而是基于人们进行正常社交的心理需求。试想，在一个大型的社交活动中，有多少有品位的人，有多少达官显贵，有多少是功成名就的知名人士，而内向者作为社交活动中的一员，自然有机会一睹他们的容颜，更有机会与他们建立良好的人际关系，扩充自己的人脉资源。所以，内向者要学会塑造自己，对于那些有价值的社交活动千万不要错过。每天与那些形形色色的人打交道，有可能他就是你未来的事业合作伙伴，或许还会成为你人生道路上的贵人。

朱艳艳是上海某公关公司的总经理，她所建立的人脉网络极其丰富，除了拥有众多的媒体朋友，还有世界500强的公司，如联合利华、三菱电机、通过磨坊都是她的客户，她是怎么做到的呢？

朱艳艳在23岁的时候，已经是兰生大酒店的公关部经理了，当时她对自己每天所扮演的角色也有些懵懂，几乎每天都在忙碌中度过。她需要把中国文化介绍给外国客人，在圣诞节的时候举办餐会，举办各种新闻发布会，工作的跨度比较大，从举办各类宴会到媒体联络，几年的历练使她建立了一张无所不包的关系网。她拥有一大帮记者、编辑朋友，除娱乐、经济、体育记者外，还有主持人、明星以及政府部门上上下下的工作人员，这无疑成了她人生中的第一桶"金"，那就是人脉的无形资产。

1997年年底，惠而浦与上海一家公关公司的合约即将到期，她的一位在惠而浦工作的老板引荐了她，最终获得了这家公司的公关代理权。凭着2001年一手策划的"奥妙新妈妈大赛"，她成为首位获得国际"金鹅毛笔奖"的中国公关人。

朱艳艳的经历告诉我们，参加一些有价值的社交活动，可以为自己积累庞大的朋友资源网络。这些积累下来的人脉资源，就如同一张朋友存折，会成为你事业成功的奠基石，也会成为你人生中一笔不可多得的财富。

曾毓芬专门从事高阶人力中介，现今担任昱藤数字人力资源公司总经理，可在四年前，她也是一位普通的职员而已。当时，她为了拓展自己的人脉关系网，参加了人力资源协会。

那时候，她只担任会员服务组一个毫不起眼的组员，但她奉献时间，每个月举办研讨会，把握每一个认识别人的机会。逐渐，她的知名度打开了，晋升为主委，人脉竞争力也随之提升，业务自然随之蓬勃发展，短短三年的时间，她的年薪从五万跳级到二三十万元。

如果内向者觉得自己所置身的圈子过于狭窄，那么开拓人脉圈子的最佳途径就是打破狭小圈子的限制，走向更大的圈子，而参加一些有价值的社交活动则是有效的途径之一。参加一些有价值的社交活动，可以增加自己曝光的机会，所以尽可能地多参加一些宴会、社团活动，即便是公司内部之间的社交活动，也是把自己推销出去的一个渠道，也是结识公司管理高层领导的一个机会。

内向者心理启示

除了参加公司内部的社交活动，内向者还可以有选择性地参加一些聚会。几乎每个人都参加过聚会，但是参加什么聚会，如何参加聚会，却是一门学问。无论参加什么样的社交活动，都需要有选择性，比如，符合你的性格、爱好、所在行业、从事的工作、目前需求等。同时，当你在参加聚会的过程中，也需要有意识地选择认识一些人，跟什么样的人维持长期的关系，这有助于扩展你的人脉资源。

第5章　告别羞怯，内向者要学会大方待人接物

人们常常认为内向的人比较害羞，虽然两者之间确实有重合的部分，但是内向与害羞并不完全是等同的。害羞是一种焦虑的情绪，带着行为上的抑制性。害羞的人往往恐惧社会对他们作出负面判断，所以会尽可能避免社交活动。

你羞于表达，谁能知道你的情感

羞怯心理，这是一种正常的情绪反应，一旦这种心理出现，人体肾上腺素分泌会增加，血液循环加速，这种反应往往导致大脑中枢神经活动的暂时紊乱，最后导致记忆发生故障，思维混乱，因此内向者羞怯时经常在人际交往中出现语无伦次、举止失措的现象。内向者会过分考虑自己给别人留下的印象，总是担心别人看不起自己，不管做什么事情，总是有一种自卑感，总是质疑自己的能力，过分夸大自己的缺点和不足，使自己长时间处于消沉的思想之中。同时，因为羞怯心理的阻碍，使得自己无法表达内心的真实情感。

克里斯多夫·迈洛拉汉是一位心理治疗专家，在他治愈的众多患者中，有一个病人是30岁单身女子，非常害怕与人约会。后来在迈洛拉汉的建议下，她写下了与约会有关的一系列

事情，安排出门，在约会时说什么，关于未来又谈些什么。在将事情整体思考一番之后，她发现自己最担忧的是她并不喜欢的男人会爱上自己，一旦出现这样的场面，自己不知道该如何去拒绝。于是，迈洛拉汉给她出了个主意，告诉她如果不想再见到约会的那个人，自己该怎么样说，一旦她有了这样的准备，约会就变得轻松随意多了。

对此，迈洛拉汉总结说："记日记是一种简易而有效的方法，我们对自身的认识也许比我们自以为知道的更多，当我们用文字将我们的害怕和焦虑梳理一番时，自己也会为之惊讶。"

羞怯心理产生的原因，是因为神经活动过分敏感和后来形成的消极性自我防御机制。通常情况下，过于内向和抑郁气质的人，尤其是在大庭广众下不善于自我表露，自卑感较强和过分敏感的人也会因为太在意别人对自己的评价而显得畏首畏尾，表现得很不好意思，浑身不自在。

伯·卡登思提出这样一个词："社交侦察。假如你要参加一个晚会，最好事先弄清楚哪些人会参加，他们将说些什么，他们的兴趣是什么。假如你要参加一个商业会晤，就应尽可能了解对方的背景材料，这样当你与人交谈时，就有了更大的主动权。"比如，你可以先同一些与自己兴趣相同的人打交道，让他们帮助自己树立信心。

一位心理治疗专家曾帮助一名害怕与陌生人打交道的妇女战胜羞怯，他先是了解到这名妇女喜欢编织，于是，建议这位妇女报名参加一个编织学习班,在那里,她可以兴致勃勃地与那些新认识的人一起讨论感兴趣的编织话题。渐渐地,她的这种班内谈话使得她交了不少朋友,并将自己的社交圈子拓展到班级之外,最后,她终于可以与人轻松相处了,即便在公众场合也很少羞怯了。

许多羞怯的人越想摆脱羞怯,反而表现得越羞怯,慢慢形成一种恶性循环。所以,我们首先应该接纳羞怯心理,带着羞怯心理去做事,认识到羞怯只是生活的一部分,许多人都可能有这种体验,这样反而会让自己放松下来,逐渐克服羞怯心理。

内向者说:"我从小就怕见到陌生人,在陌生人面前不知所措,从来不主动回答老师的提问,怕在众人面前说话,我今年已经30岁了,在异性面前就感到很紧张,很不自然,因此影响了我交女朋友,也影响了我与周围人的交往。请问,我这是属于一种什么心理障碍?"其实,这就是一种羞怯心理。

那么,内向者如何才能克制自己的羞怯心理呢?

1. 增强自信心

在平时的生活中,我们应该想到自己的优点和长处,千万不要为自己的缺点而紧张,而要相信"天生我材必有用"。假如你只看到自己的缺点,那就越发显得自卑、羞怯。假如你抬头挺胸,则自己的智慧和能力就会得到最大限度的发挥,有了自信心，自然能消除羞怯的心理。

2. 不要怕被别人说

分析那些害怕在公众场合讲话、羞于自己与人交往的原因，我们很容易发现，他们最怕得到来自别人的否定评价。越怕越羞怯，越羞怯越害怕，最终形成恶性循环。实际上，在社交活动中，被人评论属于正常现象，没有必要过分计较。甚至，有时候否定的评价还会成为激励自己不断前进的动力。比如，美国前总统林肯在年轻时就曾被人轰下台，不过他并没有气馁，反而更加努力，最后成为一名演说家。

3. 进行自我暗示

每当自己到了公众场合，感觉很紧张的时候，就对自己说："没什么可怕的，都是同样的人，不要怕。"通过自我暗示镇静情绪，那么羞怯心理就会减少大半。俗话说得好，万事开头难，只要我们第一句话说得自然，随之而来的就是顺理成章的语言。

4. 大方与人交往

我们可以向经常见面但说话不多的人，比如邮递员、售货员等问好。与人交往，尤其是与陌生人交往，要善于收敛紧张情绪，尽可能使用一些平静、放松的语句，进行自我暗示，这样可以起到缓和紧张情绪、减轻心理负担的作用。

5. 讲究说话技巧

在平时的说话过程中，当我们脸红的时候，不要试图用某种动作掩饰它，这样反而会让我们更加害羞，进一步增加了羞怯心理。我们应该意识到，羞怯只是精神紧张，并不是不能应付社交活动。

6. 说出自己的忧虑

作为一个羞怯者，心理学家建议可以去找一个"可告的人"，比如，家人、朋友和医生等，他们可以善意地对待自己的羞怯而不会嘲笑自己，向他们倾诉自己心中的忧虑，这一方面可以让他们为你出谋划策，另一方面还可以帮助自己摆脱心理包袱。

7. 设想最糟糕的情形

我们应该设想一下最糟糕的情形，比如，你害怕发表一个讲演，我们就会设想一下这些问题：你对这次演讲最担心的是什么？演讲失败，被大家笑话。假如真的失败了，最糟糕的局面会是怎么样？要么我跟他们一起笑，要么我以后再也不演讲了。这样一设想，最糟糕的结果也不过如此，并不是一场不可以接受的灾难，又有什么值得羞怯的呢？对于羞怯者而言，普遍的担心就是因紧张而出现的一些身体外部表现被人笑话，比如，出汗、声音颤抖、脸红等，不过，这些担忧纯粹是多余的，因为这些表现很少会被人注意到。

内向者心理启示

在社交场合，常常会有这样的现象：有的人轻松自然，谈吐自如；有的人却手足无措，不知道怎么办才好，言谈举止显得十分慌张。比如，第一次上讲台的新教师或第一次当众演讲的人也有这样的体验：事先想好的话，一到台上就乱套了。其实，这些就是隐藏在内向者心里的羞怯心理，内向者需要做的就是克制自己的羞怯心理，坦然与人交往。

落落大方，向大家作自我介绍

人都说一回生、两回熟。"两回"不难，难就难在"头一回"。对内向者而言，难在哪儿呢？难在面对的是陌生人，不知该从什么话说起，不知该说什么话，不知该说的话会不会让人听了感觉不悦……也就是说，面对陌生人，最难的就是如何通过自我介绍，给对方留下初次好印象。而如果内向者懂得抓住对方的心理，用一番别具特色的语言，定是能打动对方的。

一次非正式聚会中，一位老师将两个初出茅庐的大学毕业生引见给某作家认识。男生A这样介绍自己："您好，我叫某某，今年刚毕业，正在找工作。"这位作家一听，当时有点愣，可能是头一次听人这么介绍自己，只好接话说："是吗？那加油啊，祝你早日找到满意的工作。"

而女生B的介绍则完全不同，她介绍自己的方式是拉近距离形成对比："你好，听说你是一位作家。"这位作家赶紧谦虚地说:"哪里算作家,就是随便写写。"女生B笑吟吟地说:"我也是,不过我更喜欢画画,我是一名美院毕业的学生。"很快,女生B和这位作家产生了两个共同的话题——写字和画画。

聊得比较热烈之后,女生B自然地提到找工作的事,而这位作家则表示可以引见她认识在美术馆和画廊工作的朋友,一切来得水到渠成。

很明显,男生A的自我介绍是不得要领的,首先,他和这位作家完全不熟,在作家对他的性格和特长一无所知的情况下,他传达给作家一个他正在找工作的讯息,属于无效信号。无疑,这会让这名作家产生这样的心理:此人不懂礼数。而女生B的自我介绍则注重从拉近与陌生人的距离开始,以攻心为主,一句句话都说到作家心里去了,自然赢得了作家的好感,成功得到作家的指点也是水到渠成的事。

单位突然请了一名资深顾问,这名顾问看似成熟,却令单位小叶很不满。虽然是第一次见面,但这位顾问却突然问小叶:"我叫××,有男朋友吗?一定没有吧?你看起来好严肃呀!"还一直问小叶:"喂,你叫什么来着?"小叶心想,就算比别人资深,也要顾好自己在别人眼里的第一印象吧!不仅是小叶,单位其他同事也对这位成熟男士印象不好。

很明显,这位新来的顾问,因为说话太过招摇,而让同事产生了不好的印象。

和这位资深顾问不同的是，新来的小唐自我介绍就很好。

小唐第一天上班，她的工作就是负责接电话，但是对方好像听不懂她在说些什么，她表现得很紧张，用手捂着话筒对隔壁的李姐说："李姐，我是新来的小唐，早上也没跟你介绍一下，真对不起。客人好像不懂我在说什么，我刚来对业务也不太熟，你能帮我向他说明吗？"

原本还觉得新来的小姑娘不懂事的老职员李姐一下子怒意全无了，她心想：看她的样子虽然很可笑，不过如此认真的态度倒是让人颇有好感，让别人也乐意帮助她，比一些不懂装懂而误事的人强多了。

总之，内向者应该谨记，自我介绍是一门学问。自我介绍的每一句话都要说到对方心里去，散发出你的交际品质，让对方觉得你是一个有个人风格的人，对你产生良好的印象，也就成功达到了攻克"陌生人心理堡垒"的目的。

那么，与陌生人初次见面时，内向者该怎样大方地介绍自己，才能给对方留下好印象呢？

1. 巧妙地介绍自己的名字

与人初次见面时，想让对方记住自己，最简单的办法就是让对方记住自己的名字。比如，你可以对自己的名字作一个简单但容易被别人记住的介绍："我姓接，接二连三的接，认识我，你会有接二连三的好运！"

2. 自我介绍要摆脱陌生人情结

其实每个人跟陌生人交谈时内心都会不安，自己一定要先放下陌生人情结。面对陌生人不需要装模作样，不过也要表现出你的诚意。

只有这样，才能显出你的大方和热情，而不至于扭捏作态，从而让对方觉得你是一个有良好的交际品质的人，愿意与你进一步交往。

3. 注意现场的气氛与对方表情

自我介绍不可太过冗长，有时候只需要简短的一两句话，因为吸引别人的也许正是开篇的某个亮点。同时，我们在介绍自己时要避免谈论让人讨厌的话题，不要一个人一直发表高见，也要学习倾听别人说话。注意现场的气氛和对方表情，看准时机再发言。

4. 保持谦虚低调

我们在作自我介绍的时候，除了突出自己的亮点，还是谦虚低调一点为好，免得给别人留下此人爱吹嘘的第一印象。

内向者心理启示

出入社交场合，免不了要自我介绍一番。一些内向者觉得这很容易："您好，我叫××，唱二人转的，很高兴认识你。"这不就结了？如果一个陌生人这样平淡无奇地作自我介绍，下次见面时，你十有八九会忘记对方的名字，甚至忘掉这个人。忘记别人是谁可能会尴尬，不被人记住才最可悲。

遇到陌生人，先要敢于走出第一步

内向者都有这样的体验，在走进一间陌生的房间，或是与一个不熟悉的人碰面时，在心里对自己说得最多的一句话就是："我该怎么打破僵局，交到朋友？"而独处的时候，有时又会突然想到："啊，那天我很唐突地说了那样的一句话。"或者是："哎呀，我当时怎么说了那么破坏气氛的话。"想起来的时候，真是恨不得咬掉自己的舌头。可是，世上没有后悔药，我们只好悔恨地提醒自己，下次不可以再犯同样的错误。可是这样的话，又经常弄得自己很紧张，甚至惧怕与陌生人约会。而事实上，从心理角度来看，在与陌生人交往的时候，都希望对方能主动打破尴尬。因此，内向者要想攻破陌生人的心理防线，就要懂得与陌生人聊什么。

迈克是一家外企公司的人力资源经理，他招收过一批新员工。但让他感到不解的是：这些员工在应聘时一个个都侃侃而谈，对考官的各种提问都应答如流，可是进入公司后，很多人不善言谈的弱点"原形毕露"，即便让他们说些迎言送语式的话，也是面红耳赤，羞涩得不得了。后来，迈克就主动找他们谈话，问他们是不是对新环境感到不适应，他们大多低着头，小声嗫嚅："不习惯和陌生人说话。"倒是其中有一个人反问迈克："我也不知道该怎样做才能使自己融入集体？"

迈克笑了笑，随后问另一个把嘴管得死死的新员工："你是不是每次跟人说话都像赶考?"他点头表示"是"。迈克说:"你这是患了语言怯生忧郁综合征了。"

恐怕大多数内向者在陌生的集体和陌生人面前,因为怯生,会出现舌头打卷、语无伦次的情况,越想把话说得尽善尽美,越是说得词不达意。这就像一个初次登台的演唱者准备得越充分,演唱效果越是打折扣一样。

那么,内向者该怎样与陌生人沟通,从而消除内心的羞怯心理呢?

1. 开门见山

如果你经人介绍和一个陌生人或者一个群体认识,你不知道他们,他们也不了解你,你的心跳会不会突然加快,不知道如何是好?

逢此情况,心里不要有顾虑,更不要回避大家的提问。俗话说:"一回生,两回熟。"第一回你就怯生而不语,何来第二回的相熟?要想尽快和陌生人相熟,不说话是不行的,但说话也要看怎么说。如果面对的是群体,你就不能急于回答他们的问题,以防捡了芝麻丢了西瓜。那么怎样才能把握好与陌生群体对话的语机呢?有几种开门见山的开场白,比如,"初来乍到,请大家多关照""今后我们要一起共事了,我有什么不妥之处,还请各位包涵""作为新人,能得到大家的如此热情,真让我感动不已""认识大家很高兴"……这样在群体面前说话,会让众人觉得你热情有加,心理距离也就一下子拉近了。

无论是对一个陌生人还是陌生的群体而言，沉默不语均被视作对这个群体的拒绝；说话太多也难以让陌生人接受，而且还会让人感到害怕。第一印象是带有根本性的。如果你没有管好自己的嘴，在陌生人面前出现"言失"或过分表现自己的所谓口才，那么你都会被陌生人从心里拒绝。而如果你懂得与陌生人聊天的语言秘籍，你就能轻松操纵陌生人的心，从而轻而易举地跨过与别人之间的障碍！

2. 问话探路

把对方假设成一般过路人，然后像问路一样，找一些自己心里有数却佯装不知的问题请对方来回答，这样你就取得了语机上的主动权。无论对方的回答对与错，你均需洗耳恭听，即使对方说错了，你也应该"将错就错"地表示谢意。因为，这种问话探路的目的并不是要找到什么答案，而是打开你和对方语言交流的闸门。

一旦双方对话的闸门被打开，原先那种陌生感就会自然消失。因为通常情况下，没有人会恶意地拒绝一个虚心请教者。相反，只要对方愿意搭你的话，你所预期的社交方案便已经成功了一半。问话探路法只适用于和一个陌生者搭话，若和一个团队接触，则不适用。

3. 轻松探微

和一个陌生人初识，有时只需抓住对方工作或生活的某个细节，就会很顺利地叩开对方的心门，激发彼此交流的欲望。

仔细观察一下你身边的陌生人，看看他们是否有比较特别的地方，比如，对方使用的手机款式让你非常青睐，对方的耳环是不是很特别……谈论这些细节很可能立刻吸引对方的兴趣。聊天的话题最好选择节奏感比较轻松明快的、无须费尽思量的，这样就不会让人对你的搭话产生反感。有时候，即使无语，只需向对方报以会心的一笑，也会拉近彼此的距离。

当对方有意和你沟通时，无论对方的话对错与否，切忌否定对方，因为毕竟你们还不熟，一旦被否，余下的沟通就很难继续，前面你所作的一切细节探微的努力也会因此而徒劳。

内向者心理启示

戴尔·卡耐基在他的《人性的弱点》一书中提到了人际关系的抑郁症。是什么导致了抑郁？答案是怯生。而怯生的原因反过来归结于我们不懂得如何说出打破尴尬的话。在生活中，内向者在与他人沟通时要有效消除内心的羞怯心理，落落大方与陌生人进行交流。

遭遇尴尬场景，轻松应对

俗话说："人有失足，马有漏蹄。"在现实生活中，内向

第 5 章
告别羞怯，内向者要学会大方待人接物

者总会遇到出错的尴尬场景，比如言语失误时，虽然，这其中的原因各不相同，但出丑所造成的后果却是极为相似的，或贻笑大方，或纠纷四起，甚至难以挽回。尤其是在日常交际中，假如你无心造成了言语失误，那可是相当尴尬的情形，因为在公众场合，你还能怎么办呢？既然窘境已经形成了，你所需要做的就是尽量挽回场面。内向者不要过分地在意自己的失误，而是想办法补救。在一些场合，即便出现了言语失误这样的尴尬场景，但只要及时找到挽救的方法进行补救，就能在某种程度上降低了失言带来的严重后果。

司马昭与阮籍正在上早朝，忽然有侍者前来报告："有人杀死了他的母亲！"放荡不羁的阮籍不假思索地说："杀父亲也就罢了，怎么能杀母亲呢？"此言一出，满朝文武大哗，认为他"有悖孝道"。阮籍也意识到自己言语的失误，忙解释说："我的意思是说，禽兽才知其母而不知其父。杀父就如同禽兽一般，杀母呢？就连禽兽也不如了。"一席话，竟使众人无可辩驳，而阮籍也因此避免了杀身之祸。

当庭言语失误，这是何等的严重，稍有不慎就会惹来杀身之祸。不过阮籍是何等的机智与聪明，他凭借着敏捷的思维及时补救了自己的言语失误，借题发挥，巧妙而幽默地平息了众人的怒气。对内向者而言，失言后首先要做的就是采取一切补救措施或矫正之术，去缓解言语失误带来的尴尬情形，否则你只会被他人所厌恶。

有一次，纪晓岚光着膀子与几个人在军机处聊天，正巧乾隆带着几个随从突然到访，其他人一见皇帝来了，连忙上前接驾，躲在后面的纪晓岚心想：如果自己就这样光着膀子接驾，岂不是亵渎了万岁之罪？可能皇帝并没有发现自己，还是先躲一下为好。于是，情急之下，纪晓岚钻到桌子底下藏了起来，其实这一举动已被乾隆看在眼里，他故意装作没看见，却在椅子上坐了下来。

纪晓岚在桌子底下缩成一团，大汗淋漓，却不敢出声，很长时间过去了，他没听见乾隆说话的声音，以为他走了，就问身边的同僚："老头子走了没有？"这话被乾隆听见了，他厉声问道："纪晓岚，你见驾不接，我且不怪罪于你，你叫我'老头子'是什么意思？你要一个字一个字地给我说清楚，否则，别怪我无情。"纪晓岚吓得半死，连称："死罪！死罪！"接着，他慢慢解释道："万岁不要动怒，奴才所以称您为'老头子'，的确是出于对您的尊敬。先说'老'字，'万寿无疆'称'老'，我主是当今有道明君，天下臣民皆呼'万岁'，故此称您为'老'。"乾隆听了点点头，纪晓岚继续说道："'顶天立地'称为'头'，我主是当今伟大人物，是天下万民之首，'首'者，'头'也。故此称您为'头'。至于'子'字嘛，意义更明显。我主乃紫微星下界，紫微星，天之子也，因此天下臣民都称您为天'子'。"乾隆听了，笑了，这事就这样过去了。

当着那么多的人对皇帝失言，那可是严重的事情，弄不好自己脑袋就要搬家了。但纪晓岚却异常冷静，慢慢解释，补救自己的失言，在回答皇上的过程中，他言语诚恳，态度谦逊，语言幽默风趣，以灵敏的应变能力巧妙地化解了话语失误带来的难堪，最终受到了乾隆皇帝的肯定。

假如内向者说话过程中言语失当，该如何应付呢？

1. 寻找挽救的办法

言语失误了也可以挽救，你依然能够用语言进行弥补，当然，这其中是需要灵敏的思维以及绝妙的技巧的。只要你懂得随机应变，就能够弥补自己言语失误的过错，比如，将错话加在他人头上"这是某些人的观点，我认为正确的说法应该是……"。又或者将错就错，干脆重复肯定，然后巧妙地改变错话的含义，将本来的错误变成正确的说法。

2. 诚恳道歉

如果是自己的无心造成了言语上的失误，形成了尴尬的局面，那么我们应该诚恳地向听众道歉，以坦率的胸襟来面对自己的失误，以诚恳的态度赢得听众的认可。

内向者心理启示

在日常交际中，内向者因自己内向、羞涩的性格，难免会出现一些窘迫、尴尬的场面。一旦出现这样的情况，即便你尚未找到任何解决的办法，但只要能主动承认自己的失误，并向在场的人道一声"抱歉"，就能赢得别人的喝彩。

沉默，有时候并不是"金"

内向者都具有一种隐忍的性格：他们会面对巨大的压力，而自己默默地承受下来；他们往往有自己的想法，却埋在心里，不说出来；受了委屈，也只好偷偷把眼泪往肚子里吞。这是一种心理特点，会影响内向者的生活和工作。在日常交际中，有时沉默不再是金，真实地说出自己的想法，其实是内向者走出自我的一个途径。

内向者常常在与人交往之中，遇到与自己意见不同的时候，会由于各种原因而保持沉默。或是矜持，或是不好意思，或是不自信，或是不敢说。往往你的那一瞬间的沉默会给别人一种错觉，认为你是默认的态度，他会以为你是认可他的。因此，如果你在这些问题上有什么好的建议，就要大胆地说出来，别人才会了解你的真实想法及能力。所以在这个时候，内向者千万不要保持沉默，要抓住机会表露自己的想法，才有可能成功地把自己推销出去。如果你一直保持沉默，沉默就会把你埋没，你也没有更好的机会来推销自己了。

小万是公司新进员工，刚刚大学毕业，正是"初生牛犊不怕虎"的年纪。有一次，在公司例行大会上，董事长表示自己手上有一个重要的企划案，希望在座的哪位拿去策划一下。同事们都面面相觑，你看我，我看你，面有难色，都不敢接这个"烫手山芋"。

第 5 章
告别羞怯，内向者要学会大方待人接物

小万刚开始觉得自己是新人，不敢抢同事的功。可是，等了几分钟，还是没有人去接企划案，性子急的小万坐不住了，腾地站起来说："我想试试。"董事长看见有人站起来主动接这个任务，也露出微笑，但看见是一名新员工，又是个女孩，显得很不放心："你能行吗？"这可激起了小万的好胜心："一定行，给我一周的时间，我会把它做好的。"

于是，在下一周的公司例行大会上，董事长拿着一份企划案，赞许地看着小万："你是最棒的！希望你继续努力，公司需要你这样的人才。"立即，会场响起阵阵掌声。

就是因为小万大胆地站起来，表达自己的想法，最终用实际行动证明了自己的能力，而赢得了全公司的认同。

如果小万在会场上一直保持沉默，那么，她的能力就不会在这个场合得到展示。正是她大胆地说出自己的想法，让老板对她赞赏有加。如今的社会，人才济济，作为内向者，如果你不把握适时的机会，说出自己真实的想法，展现自己的能力，那么你就会永远地埋没自己。俗话说："酒香也怕巷子深。"这说的就是这个道理，如果你是一个各方面条件都优秀的人，更要大胆表现出来。

1.别隐藏自己的内心想法

有的内向者习惯矜持地生活着，遇到别人问他吃什么，他习惯回答："随便。"别人问他到哪里去玩，他的回答还是那两个字好像他的想法只有"随便"。其实这时候，你应该大

胆地说出自己的真实想法，也许在你的推荐下，大家都会尝到一顿美味的佳肴；或者在你做导游的带领下，大家都会玩得尽兴。大家会发现，原来你也有多姿多彩的一面。如果你总是说"习惯"，你自己以为很随意，其实不是，你的"随便"让对方感觉有种负担，因为你没有把你真实的想法表现出来，让对方觉得可能没有照顾到你的心思。所以，你应该学会大胆地说出真实的想法，这既会让对方感觉你很有主见，又不会亏待自己。

2. 不是每一种沉默都有价值

沉默在某些时候，是非常有价值的，但不是每个时候的沉默都有它的价值。所以，内向者不要总是习惯性地把头深深地埋下，要昂首挺胸，敢于说出自己的心声。而你的某些独有魅力，也是通过说话表现出来的，如渊博的学识、有魅力的谈吐、优美的声线，通过说话可以彰显你思想的深度，还可以表露出你除了外表以外的内在吸引力。

内向者心理启示

内向者应该抓住生活中的每一个机会来表现自己，而说话无疑是最合适不过的机会。学会用语言来表达自己的意见和想法，让他人更加了解你，进而对你产生信赖，这是每个内向者推销自己的最佳途径。

下篇

激发潜能，内向者也要成就卓越

第6章　自我暗示，内向者要赶走内心抑郁的魔鬼

内向者更容易得抑郁症？内向者不喜欢向别人吐露自己的真实情感，心里有什么事情总是隐藏在内心深处，即便是面对最亲近的人，他们也会三缄其口，时间久了就容易患上抑郁症。对此，内向者需要走出心灵陷阱，努力摆脱抑郁的心灵捆绑。

抑郁是魔鬼，小心被它吞噬

有个内向者堪称是焦虑和恐惧的典型人物，据说，他已经囤积了数吨粮食，以防天灾。有人好奇地问："如果是发生旱灾，水比粮食更重要。"他却微笑着说："没事，家里已经挖了好几口井了。"旁人大惊，后来，听说他不囤积粮食了，可是，理由却是十分牵强的，他这样告诉所有的人："我听见许多人都在说，如果发生天灾了，大家就会来抢我的粮食，我想告诉大家的是，现在我已经不囤积粮食了。"看到这里，每个人都会忍不住微笑，这个内向者的焦虑心理和恐惧心理简直达到了极致。虽然，我们常说"防患于未然"，但是，对未来过分地焦虑与恐惧，则成为一种心理负担，这样导致的结果就是，以后的每一天都将在担惊受怕中度过。

第6章
自我暗示，内向者要赶走内心抑郁的魔鬼

如果越来越焦虑，在内心里隐藏着一种恐惧，既担心自己的生存状况，又惧怕生老病死，那么就会渐渐滑入抑郁症的泥潭，长此以往，原本健康的身体被心理折磨得奄奄一息。心理不健康是导致身体不健康的主要因素。比如，感到身体不舒服，就总是怀疑自己生了病，整天陷入恐慌之中。其实，很多时候，这些只是小病或者根本就没有疾病，而是源于内心的焦虑和恐惧。当然，心病还得心药医，不要猜疑自己的健康，保持健康的心理，心病自然就消除了，让那些焦虑和恐惧在阳光下消失吧！

内向的吉姆是一位年轻的汽车销售经理，他的前途充满了无限希望。但是，吉姆的情绪却非常绝望，意志消沉，他觉得自己要死了。甚至，他开始为自己挑选墓地，为自己的葬礼做好了一切准备工作。其实，吉姆的身体只是出了一点儿小问题，有时候会呼吸急促，心跳很快，喉咙梗塞，医生规劝他："你只需要坦然处理生活，退出自己热爱的汽车销售行业就行了。"

吉姆在家里休息了一阵子，但是，他还是充满焦虑和恐惧，于是，他的呼吸变得更加急促，心也跳得更快，喉咙依然梗塞。这时，医生劝他到外面去透透气，吉姆照做了，但依然无法消除内心的焦虑和恐惧。一周过去了，吉姆回到家里，他感觉死神快降临了。朋友告诉吉姆："赶快打消你的猜疑！如果你到明尼苏达州罗切斯特市的梅欧兄弟诊所，你就可以彻底

地弄清病情，而不会失去什么，赶快，立即行动！"吉姆听从了朋友的建议来到了罗切斯特，实际上，吉姆担心自己会在路途中突然死亡。

在梅欧诊所，医生给吉姆做了全面检查，医生告诉吉姆："你的症结是吸进了过多的氧气。"吉姆先是一愣，然后大笑了起来："那真是太愚蠢了，我怎样对付这种情况呢？"医生说："当你感觉呼吸困难、心跳加速的时候，你可以向一个袋子呼气，或者暂时屏住气息。"医生递给吉姆一个纸袋，吉姆照做了，结果，他发现自己的心跳和呼吸都变得很正常，喉咙也不再梗塞了。当他离开诊所的时候，他已经变得容光焕发，原来这一切的症结都是因为内心的焦虑和恐惧。

长期的焦虑和恐惧会让内向者变得抑郁，甚至相信某个想象中的事情有朝一日会变成现实，然而，就是在这样的消极状态下，那些预感中会发生的事情还是发生了，到最后，内向者的焦虑和恐惧越来越严重，以至于身体真的出现了疾病。心理不健康，诸如焦虑或恐惧，会导致身体不健康。所以，内向者应该远离焦虑与恐惧，保持身心健康。

1. 正确认识抑郁情绪

内向者应该认识到抑郁情绪是心理方面的危机，应及时解决。若不及时解决，这些抑郁情绪就会给生活和工作带来极大的危害，影响自身的工作效率和生活质量，使自己饱受其苦。比如，有的内向者因工作能力受损而只能在家里休息，有的内向者对生活失去信心而变得绝望，甚至产生自杀念头。假如内向者及时了解自己的心理问题，进行适时的治疗，那么抑郁情绪是可以减轻的。

2. 减少工作任务

抑郁症对于内向者而言，虽是痛苦的，但有时候会起到某种程度的保护作用。一旦抑郁症严重到无法工作的时候，内向者可以反思"是否减少自己的工作量"，或者说"大脑停止思考一些东西"，否则，庞大的工作量以及繁杂的思考会使内向者滑入抑郁的泥潭。

3. 避免焦虑和恐惧

焦虑和恐惧给内向者生活所造成的影响是不容忽视的，焦虑毫无益处，只会危害自己的生活和事业，而且，还会危害自己的健康。对于内向者而言，与其花费大量的精力和心思去烦恼和恐惧一些事情，不如好好经营自己的生活，把精力和心思转移到生活上来，这样，自然而然就摆脱了焦虑和恐惧，从而获得一种轻松而美好的生活。

内向者心理启示

抑郁症是内向者身上普遍存在的心理疾病，它源于工作压力、人际关系、经济问题、孤独感等。每天，内向者都饱受着生活压力的困扰，可能或多或少都有焦虑恐惧的经历，然而，可能内向者都没有意识到，长期的焦虑会引发抑郁症，这是一种病态的心理,不仅会给自身的健康带来损害,还会感染到身边的人。所以,以积极乐观的心态面对生活,让抑郁症都消失在阳光下吧!

接纳和调整自己的情绪,别被坏情绪压垮

张太太曾受过刺激,性格比较内向,不爱发脾气,什么事情都愿意忍耐。即使与家人发生了矛盾也一声不吭,总是一个人默默承受。但是,张太太如此坚强的意志不仅不能帮自己渡过难关,反而使自己身体上的疾病越来越多,刚开始是右腹出现不适,随后就出现了失眠、消化不良等一系列症状。其实,许多人长期面对压力,而找不到"泄洪"的出口,只能自己生闷气,结果就闷出病来。对此,心理专家建议,如果性格内向的人出现了心理问题,需要及时找心理医生治疗心病,否则一些心身疾病就会不请自来。

比较内向的王女士在一家外企公司工作,经过几年的打拼,她现在担任了公司的重要职务。可是,前不久,公司部门来了一位年轻的同事小娜,小娜浑身洋溢着活力和干劲,并在很短的时间内就得到了公司上下的肯定。王女士逐渐感觉到小娜的到来对自己造成了严重威胁,似乎老板总是有意或无意地在王女士面前提到小娜的能力,这让王女士的心情一度低落,

同时，还憋了一肚子闷气。在这种情绪状态下，王女士整天不能全身心投入工作，有时候，由于心里焦虑过度，还会在工作中犯些小错误。

或许，是因为工作上的不顺心，没想到，自己的身体状况也出现了问题。在最近的一段时间里，王女士总感觉到自己的右侧乳房胀痛，前两天用手一摸还有肿块。在医院，医生为王女士做了相关检查，经过检查得知，原来自己患了乳腺小叶增生。王女士感到十分苦闷，那些不顺心的事情总是找上门。无奈之下，王女士向主治医生倾诉了自己的烦恼，没想到，医生只是奉劝一句："首先，你莫要生闷气，这样对你的疾病才会有帮助。"

王女士百思不得其解，这病怎么会跟生气有关呢？医生对此作了详细解释："其实，引起这种疾病的原因很多，但主要和内分泌失调或精神情绪有密切关系，其中，一个重要的因素是情绪不稳定、精神紧张、喜欢生闷气。当你的情绪总是处于怒、愁、忧等不良情绪状态时，就会导致乳腺小叶增生。"王女士明白了，向医生询问："可是，我该怎么办呢？"医生建议："保持心情舒畅、乐观是最好的办法。你要学会自我调节、缓解心理压力，消除各种不良情绪，要学会宣泄，不要将闷气郁积在心里，可以向家人、朋友倾诉，以排解心理压力。"

有时候，内向者根本没有想过身体的疾病会跟心中压抑的情绪有关，事实上，郁积在心中的情绪常常会成为身体疾病的根源。一位内向者这样说："我感觉很孤单，很堕落，心中像压了一大块沉重的石头，压得我快喘不过气来，什么时候才能将这块石头移走，它憋在我心里，憋得我快要疯了。"现代社会竞争激烈，工作和生活压力都非常大，这不仅影响家庭关系、同事关系、朋友关系，如果自己不能妥善处理这些矛盾，那些心中郁积的情绪就会影响正常的生活和工作。

1. 不要压抑自己

有一位被大家公认"好脾气"的内向者这样说道："其实，每次看到令我感觉不好的人和事，我内心都相当地生气，但是，我极力克制自己，不断告诉自己'要保持自己的形象，千万不要发脾气'，结果，每一次我都忍耐了下来。可是，时间长了，我发现，由于心中闷气的郁积，我的脾气越来越差，一点儿小事就可以让我的情绪变得无比激动，可又不好当面发作，常常是事情过去以后，我就气得砸东西。虽然，我是公认的'好脾气'，但是，好像我已经陷入了恶劣情绪的旋涡了。"

2. 想发脾气就发脾气

现在，一些国外专家研究表明，发脾气比生闷气好。虽然，在大多数人看来，发脾气有损自己的修养和形象，似乎这是一件伤大雅的事情。但是，科学家却对此公布了一项研究结果：当人感到气愤而想发脾气时，如果能够及时宣泄出来，会有利于自己的身体健康。

其实，情绪积压对内向者的身体有极为严重的伤害：一方面，经常生闷气不利于心脏的健康；另一方面，也会影响我们身体的免疫系统的正常运转，从而引起大脑内的激素变化。对此，专家建议，与其闷在那里自己和自己生气，不如宣泄心中的不满情绪，懂得接纳生气的自己，努力调整自己的情绪，这样会更有效地减少外界环境对人所产生的不利影响。

内向者心理启示

在生活中，有什么事情，内向者总是喜欢憋在心里，不愿意说，也不愿意闹，把不愉快的事情藏在心里，越积越多，最后，只有等待原子弹爆发的那一天。有人说："心中藏了太多事情的人，总是痛苦的。"我们通常所说的那些脾气太好的人，很容易憋出病来，可是，当有一天，自己快憋死了，会有人来可怜你吗？善待自己，调整情绪，将心中的情绪发泄出来，这样内向者才有可能回归正常的生活。

倾诉出来，排解内心不快

对内向者而言，有了烦恼、怒气，若不及时宣泄，必然会变成抑郁症的症结，因此，当自己愤怒，或者闷气郁积时，内向者需要及时地将那些不满的情绪宣泄出去。当然，宣泄情绪的方式有许多种，而向他人倾诉是其中一种行之有效的方式。一个人生活在这个世界，必然构建了一定的人际关系，家人、朋友、老师等都可以成为内向者的倾诉对象。倾诉内心的烦恼，他们会为自己分担一些闷气的愁绪，彻底消除那些闷气的根源。

可是，在现实生活中，许多人面对他人谈论自己的事情却是忌讳莫深，似乎伪装的面具就是坚强。无论自己多么烦恼，多么生气，也不愿向他人袒露，宁愿自己一个人死撑着。直到有一天因为闷气而爆发，朋友才惊讶："原来他心中藏着这么多不为人知的秘密。"为了不让自己陷入抑郁症的泥潭，学会倾诉吧，向自己的知己、好友倾诉，他们会为你分担一些愁绪。

临近凌晨了，李太太家里的电话铃声突然响了起来，李太太拿起电话："喂，你是哪位？"电话里传来了一个妇女的声音："我恨透了我的丈夫。"李太太感到莫名其妙："我想，你打错电话了。"但是，对方似乎没有听见，依然继续说下去："我一天到晚照顾两个孩子，他还以为我在偷懒，有时候我想出去见见朋友，他都不肯，自己却天天晚上出去，跟我说有应酬，鬼才会相信呢！"李太太打断了对方的话："对不起，我不认识你。"那位妇女生气地说："你当然不会认识我了，这些话我怎么能对亲戚、朋友讲，到时候肯定会搞得满城风雨，现在我说出来了，舒服多了，谢谢你。"随后，那位妇女就挂断了电话。

案例中，虽然这位妇女的做法十分荒唐，但是，我们却从中发现，一个被不良情绪所困扰的人，他们其实很想把心中的忧愁和苦闷进行一番倾诉，哪怕对方只是一个陌生人。在电影《2046》里，梁朝伟将自己内心的秘密对着一个树洞倾诉，不难发现，每个人都有一种倾诉的欲望。但有时候，心中的烦闷可能是关于隐私之类的话题，那该怎么办呢？

内向的李芳才30岁的年纪，就独自经营了一家大型企业，或许，在旁人看来，李芳已经获得了人生的成功。可是，又有谁知道李芳心中的苦闷呢？在李芳的家里，是属于男主内女主外的模式，老公在家带孩子，自己在外辛苦奔波。刚开始的时候，老公满怀愧疚，常常对李芳说："老婆，你一个人太辛苦了，都怪我，没本事。"对此，老公对家里全身心地付出，包揽了家里所有的家务，不让李芳操心，这让李芳感到由衷的欣慰。可是，好景不长，老公变得越来越懒，连家务都推给保姆，整日游手好闲。如果李芳说他一两句，老公就会反驳："我一个大男人在家里多辛苦，出去放松放松，又怎样？"这时，李芳就沉默不语，两人关系越来越僵。

每次回到家里，李芳都感到身心疲惫，满腔怒火，却找不到地方发泄。每到凌晨，老公还没回家，李芳就气得在家里砸东西，可是，发泄过后，老公回家了，李芳就像没事人一样。

这样，时间长了，李芳心中闷气越积越多，作为公司董事长，她又不好在员工面前发脾气，只能憋在心里。偶尔，想到了朋友们，又不好意思开口，即使碰到朋友主动问道："李芳，最近有什么烦心事吗？怎么看你脸色不太好？"李芳也总是敷衍两句："没事啊，一切都挺好的，可能是工作太累了吧！"可是，没过多久，朋友就得知了李芳自杀未遂的消息，听闻此消息，大家都大吃一惊，怎么会这样呢？

有人说："一个人如果有朋友圈子，就能长寿20年。"的确，向朋友倾诉内心的烦恼是排除不良情绪的有效办法。当自己有不良情绪时，有可能会越想越愤怒，越想越伤心，这时，若是约个朋友，将自己心中的郁闷之气尽情地倾诉一番，在朋友那里寻求支持和解答，就能获得一种心理上的平衡。

1. 不良情绪需要分担

英国思想家培根曾说："如果你把快乐告诉一个朋友，你将得到两个快乐。而如果你把忧愁向一个朋友倾吐，你将被分掉一半的忧愁。"分担是一件有趣的事情，可以让我们的快乐加倍，让我们的痛苦减半。当你发现自己被那些怒气缠绕，而无力摆脱的时候，千万不要让它憋在心中，要学会宣泄情绪，学会向知己、好友倾诉心中的烦恼，让自己摆脱抑郁症的缠绕。面对不良情绪，唯有主动释放，理智宣泄，才能保持心理健康。

2. 信任朋友

事实上，内向者应该明白，在任何时候，知己、好友都是我们心灵的伴侣，在朋友面前，又有什么可丢脸的呢？当然，向朋友倾诉自己的烦恼，我们需要选择值得信任的朋友。朋友对于我们来说，无时无刻不在身边，当我们遇到了不顺心的事情，可以拨打电话给朋友，向他们道出内心的烦闷，甚至还可以在朋友面前发怒、哭诉，尽情宣泄心中的不良情绪。

内向者心理启示

俗话说："当局者迷，旁观者清。"或许，那些对于自己来说，不能解决的问题，在朋友的劝解之下，便会茅塞顿开，这样，心中的不良情绪就会得到最大限度的宣泄。对每一个深陷烦恼的人来说，朋友的倾听和理解才是最好的安慰剂，向朋友倾诉，不仅使郁闷情绪得到缓解，心灵得到沟通，而且，在倾诉的过程中还能增强友谊，分享快乐。

找到让你放松的最佳方式

法国作家大仲马说："人生是一串无数的小烦恼组成的念珠。"在日常生活中，烦恼、怨恨、悲伤、忧愁或愤怒等不良情绪都是常见的情绪反映，这些都容易成为内向者的典型情绪。内向者生闷气的时候，实际等于整个人都陷入了不良情绪之中，容易产生孤独感和抑郁症，缺乏积极进取的精神病。总而言之，闷气让一个人变得郁郁寡欢，因此，内向者需要寻找让自己放松的方式。

培根说："无论你怎样表示愤怒，都不要做出任何无法挽回的事来。"美国前总统林肯如果在外面和别人生气了，回到家里就会写一封痛骂对方的信，当家人第二天要为他寄出那封信的时候，林肯会极力阻止："写信时，我已经出了气，何必把它寄出去惹是生非。"如何面对心中的种种不良情绪？当然是合理地宣泄，放松自己。

里根是一个性格温和的人，但是，有时候他也会发脾气。当他生气的时候，就会把铅笔或眼镜扔在地上，然后很快就能恢复情绪。有一次，里根对侍从人员说："你看，我在很久以前就学会了这样一个秘诀：当你生气时，如果控制不住自己，不得不扔掉一些东西来出气，那么就要注意把它扔在你的面前，一定不要扔得太远了，这样捡起来就会省力很多，捡起了东西，心情自然也就放松了。"

其实，在很多时候，所谓的放松方式就是发泄心中的烦恼，无压力地宣泄不满情绪，将心胸放开，这样就会减少一些不必要的烦恼，而且也避免了这种不良情绪感染到其他人。不良情绪是由于心理上失去了平衡，或者是自己的要求和欲望没能得到满足。因此，内向者可以转移心境，寻找一种放松的方式,这样不良情绪自然就消失了。

齐文王患了忧虑病,没能找到正确的治疗方式,时间长了,病情越来越严重,甚至,到了卧床不起的程度。这时,大臣建议请名医来诊断病情,于是,齐国派人到宋国去请名医文挚给齐文王医治。文挚察看了齐王的病情,判断出必须采取一定的方式来赶走病人心中的闷气,但是,顾虑到这样会触动齐文王而惹来杀身之祸。对此,齐国太子向文挚保证,无论如何都会保证医生的安全,于是,与文挚约好了看病的时间,但是,文挚却连续三次失约,齐文王虽在病床上,却对此十分恼怒。

后来,文挚终于应约而来,但是,他不脱鞋就上床,踩着齐文王的衣服问病,气得齐文王不搭理他。这时,文挚用粗话刺激齐文王,齐文王终于按捺不住,翻起身来大骂,没想到,齐文王的病却因此好了。

所谓"怒动其身形、冲破忧伤烦闷的不良情绪",有人在愤怒时暴跳如雷,面红耳赤,实际上,这就是一种能量发泄。人们常说:"言为心声,言一出,心便安。"积极的能量发泄可以采取唱歌、怒吼等方式,这也不失为一种放松的方式。

1. 大声哭泣

哭泣也是一种行之有效的方式,据调查,85%的妇女和73%的男人在他们哭过之后,心情就会好受一些。威廉菲烈博士说:"哭可以将情绪上的压力减轻40%,哭是健康的行为,值得鼓励。"

2. 将不良情绪写出来

将心中的烦闷写出来，这也是一种自我放松的方式。一般情况下，写诗、写日记都能够有效地发泄郁积在心中的不良情绪，使情绪恢复平静。而且，从心理学上说，适当发泄长期以来积压的闷气，可以减轻或消除心理疲劳，比将闷气郁积在心中，效果更好，这样可以使我们变得轻松愉快。不良情绪就像夏天的暴风雨一样，需要我们适当发泄，这样才能净化周围的空气，缓解心中的紧张情绪。不良情绪只会让我们变得越来越抑郁，想要获得全身心的放松，我们必须寻找一些放松的方式，发泄心中不满的情绪，驱赶心中的消极情绪，将自己解脱出来。

3. 大声吼叫或大声歌唱

在电视剧《北京人在纽约》里，面临破产的威胁，失败阴影的来袭，王起明一边开车一边高唱"太阳最红……"，获得了心灵上的暂时放松；在日本，每年都要举办一次呐喊比赛，那些情绪不满者向远处的大山大叫，以发泄心中的怒气。或许，对于每一个人而言，他们都有着不同的放松方式，但是，我们最终的目的是赶走郁积在心中的闷气。

4. 激烈运动

有一位商人在谈到自己放松的方式时说："当我自知怒气快来的时候，连忙不动声色地想办法离开，跑到自己的健身房。如果我的拳师在那里,我就跟他对打;如果拳师不在,我就猛力地捶击皮囊,直到发泄自己满腔怒火,整个人放松下来为止。"

内向者心理启示

一位内向的年轻女孩来到心理咨询中心,说道:"前两个月我被公司解聘了,心里很恼火,不愿意见人,整天就待在家里,憋得心慌,内心也变得更加痛苦,有什么办法能够摆脱这样的处境呢?"心理医生这样建议:"你这样是不行的,时间长了就会变得郁郁寡欢,寻找一种让自己放松的方式吧!"

培养一个爱好,让它帮助你成功解压

缓解内心压力、发泄负面情绪的方法很多,其中不乏看看电影、听听音乐这样既轻松又恰当的方式。那些轻松、畅快的音乐不仅能给内向者带来美的熏陶和享受,而且还能够使人的精神得到放松,所以,当你紧张、烦闷的时候,不妨多听听音乐,让优美的音乐来化解精神上的压力和内心的苦闷。和音乐有着相同"疗效"的还有电影,曾经有位朋友这样说:"每次心里感到苦闷的时候,我就看周星驰的《唐伯虎点秋香》,边看边笑,到现在为止,我已经记不清楚自己看了多少遍了。"

足以见得,电影所能带给我们的轻松心境。

其实,音乐和电影逐渐成为许多人发泄情绪、释放压力的方式之一,有了音乐和电影,就算一个人待在黑暗中也会感到安全,感到充实。曾遇到过一位信奉基督教的朋友,她这样讲述自己的经历:"最近老是被烦心事困扰,心变得敏感而细腻,那天,回到住的地方,居然发现自己没有带钥匙,同住的朋友还没有回来,一个人站在空旷的过道里,除了恐惧,还有一点对朋友的憎恨。有趣的是,那天我正好带了《圣经》,无聊之余,我翻开了《圣经》,借着灯光朗读起来,还唱起了圣歌。后来,我朋友回来了,这时,我心里已经回归了平静,不再抱怨,也不再生气。"音乐所带给我们的除了愉快,还有一份灵魂的寄托。

内向的小江说:"我有一个习惯,当我在烦闷的时候,我会选择听轻音乐,因为它不像摇滚乐那样刺耳、嘈杂,更适合我需要安抚的情绪和心境。"

说到自己通过听音乐释放内心的压力,小江一下子来了兴趣,他讲述了轻音乐的发展史:"轻音乐可以营造温馨浪漫的情调,带有休闲性质,因此又得名'情调音乐'。它起源于一战后的英国,在20世纪中期达到了鼎盛,在20世纪末期逐渐被新纪元音乐所取代,并影响至今。"说到这里,小江信手放了一首轻音乐的曲子,在缓缓流淌的音乐中,他说:"这是班得瑞的音乐,它是轻音乐的经典乐队之一,有人说班得瑞是'来自瑞典一尘不染的音符'。它是由一群年轻作曲家、演奏家及音源采样工程师所组成的乐团,在1990年红遍欧洲。"

小江慢慢闭上了眼睛,用很轻的声音说:"当你轻轻地闭上眼睛,再放上班得瑞那一尘不染的天籁之音,你就会发现那些不沾尘埃的一个个音符,静静地流淌着,它带走了一直压在心中的忧虑,让你的心灵在水晶般的音符里沉浸、涤荡。清新迷人的大自然风格,返璞归真的天籁,如香汤沐浴,纾解胸中沉积不散的苦闷,扫除心中许久以来的阴霾,让你忘记忧伤,身心自由自在。"

在充满竞争的现代社会,每个人会或多或少地会遇到一些压力。可是,压力既可以成为我们前进的阻力,自然也可以变成动力,很多时候,就看我们如何去面对。这个社会是不断进步的,人在其中不进则退,所以,在遇到压力的时候,最有效的办法就是懂得缓解压力。如果暂时承受不了,就不要让自己陷入其中,可以通过看电影、听音乐,让自己紧张的心情渐渐放松下来,再重新去面对,这时,你往往会发现压力并没有那么大。

除了听音乐、看电影等具体放松方式,内向者还需要调整心态。

1. 以积极的心态来面对压力

有的内向者总是喜欢把别人的压力放在自己身上,比如,看到同事晋升了,朋友发财了,自己总会愤愤不平:为什么会这样呢？为什么就不是自己呢？其实，任何事情，只要自己尽力就行了，任何东西都是急不来的，与其让自己为一些无所谓的事情而烦恼，不如以积极心态来面对，努力调整情绪，让自己的生活更加丰富多彩。

2. 解开心结

内向者在社会生活中的行为像极了一只小虫子，他们身上背负着"名利权"，因为贪求太多，把负担一件件挂在自己身上，不舍得放弃。假如我们能够学会放弃，轻装上阵，善待自己，凡事不跟自己较劲，那么，我们的压力自然就得到缓解了。

3. 转移压力

面对生活的诸多压力，转移是一个最好的办法，当压力变得太沉重时，我们就不要去想它，把注意力转移到让自己轻松快乐的事情上来。当自己的心态调整到平和以后，就不会再害怕眼前的压力了。

4. 感激压力

人生中不可能没有压力，若是没有压力，我们的人生就不会进取。没有压力，我们的生活或许变了模样，因此，当我们尽情享受生活的乐趣时，应该对当初困扰我们的压力心存一份感激，因为有了压力，我们才能走得更远。

内向者心理启示

其实，音乐和电影有一个共同的特点：它们都是艺术。当

第 6 章
自我暗示，内向者要赶走内心抑郁的魔鬼

内向者被负面情绪所困扰，感到精神压力巨大的时候，把自己置身于艺术的境界中，卸下心中的负担，你会感受到前所未有的轻松。畅游在艺术的殿堂里，忘记了烦恼，心绪变得平静，心境变得宁静，那些压力、烦闷都在这样的心境中慢慢释放，最终，我们的心回归到一种平静。

第7章 情绪管理，内向者学会给坏情绪一个出口

内向者应该善于控制自己的情绪，那些消极的情绪就如同潜伏在身体里的有毒气体一样，需要得到有效的释放，否则就会令人非常痛苦。对此，内向者不应该紧闭心门，而是需要使用有效方法赶走那些负面能量。

放松身心，放走你的负能量

内向者最初踏入社会，是怀着美好愿望的，他们希望自己的能力得到施展，抱负得以实现，但是，社会的残酷与现实打击了他们最初的信心，在正能量的不断消耗下，给他们身心带来了巨大的压力。

无论是生存压力还是工作压力，对内向者情绪都产生了重要影响，一旦压力来袭，情绪就会恶劣，容易生气、烦躁，似乎看什么事情都不顺眼，内心的情绪积压过久，总想痛快地发泄一番。因此，内向者给自己压力越多，心中的负能量就越多，致使正能量不断消失。

几年以前，内向的毕特格刚开始做保险推销员时，他对这份工作充满了热情。但是，最开始的工作很不容易上手，这使得他十分悲观，信心大受打击，甚至一度想辞去这份工作。庆

第 7 章
情绪管理，内向者学会给坏情绪一个出口

幸的是，在一个星期六的早晨，毕特格努力让自己平静下来，开始反思自己遭受负面情绪困扰的原因。

毕特格首先问自己："究竟出了什么问题？"在很多时候，当他拜访完客户，经常令自己身心疲惫，但收到的效果却是微小的。每次都是与客户谈得十分融洽，一到最后的签约环节，客户却不能爽快答应，经常说："你看这样好不好，我再考虑考虑，下次再答复你吧。"每次毕特格都是白费口舌，无功而返，这使得他想起自己的推销经历就十分沮丧。

然后毕特格继续思考："有什么可行的解决办法呢？"为了寻找答案，毕特格开始反思自己的行为，并将过去12个月的工作记录作为研究对象，仔细研究上面的数据。结果却令毕特格十分惊讶：在自己所卖出的保险中有百分之七是在第一次见面时成交的，另外百分之二十三是在第二次见面时成交的，只有百分之七是在他多次回访，多费口舌签下的合约。

不过，让毕特格震惊的是，恰恰是最后那百分之七耗费了他大部分的时间和精力，他差不多把一半的工作时间都花在那百分之七上了。

这样一来，毕特格总结出有价值的经验：超过两次的拜访是没有必要的，应该将节省下来的时间用于寻找新客户。于是，内心压力减少不少的毕特格开始采用了新的方式，结果业绩突飞猛进，他平均每次拜访的回报几乎翻了一番。

据一项社会调查发现，那些生活工作条件良好、受过较高程度教育的城市人，他们对生活的满意度远远不如农村人，来自生活和工作的压力让他们的生活质量大打折扣。近些年来，城市人的脾气似乎越来越大，他们常常感到紧张、焦虑、容易愤怒，甚至在悲观时有通过自杀解脱的念头。通过这项调查显示，同农村人相比，城市人工作的体力强度、时间都少于农村人，而且，更注重健康的生活方式，但是，城市人的精神状况却显著差于农村人。

同时，在调查中，个人工作稳定、收入有保障列为城市人平日最关心的问题，对工作的极度关注使得许多城市人明显觉得工作压力影响到了个人健康。

另外，城市的快速发展和工作的快节奏让许多城市人觉得自己有点力不从心，60%左右的城市人对自己工作状况并不满意，而且，来自家庭以及婚姻的压力也会让他们感到焦头烂额。

1. 养成良好的作息习惯，营造良好的睡眠环境

在平日生活中，内向者需要养成按时入睡和起床的良好习惯，稳定的睡眠，可以避免引起大脑皮层细胞的过度疲劳。注意调节卧室里的温度，睡眠环境的温度要适中。在卧室内可以使用一些温和的色彩搭配，这样内向者在一个良好的环境中自然能够放松心情，顺利进入睡眠，并保证良好的睡眠质量。

2. 放松精神，舒缓压力

内向者需要缓解自身的压力，比如，在睡前可以听听音

乐，或者是对头部进行按摩来缓解压力；也可以进行短距离的散步。这样可以身心放松下来，舒缓了白天的社会压力。

3. 给自己的压力要适当

心理学家建议：适当的压力有助于内向者激发更强的斗志，但是，正如任何事情都有一定的度，压力过大就会影响正常的情绪。因此，在日常生活中，内向者要给自己适当的压力，只要不是太糟糕的事情，应该学会忘记，这样一来，那些琐碎的小事就影响不到我们了。

内向者心理启示

每天，内向者都面临着诸多压力，有可能是事业不顺而造成的工作压力，有可能是感情不顺而造成的感情压力，还有可能是家庭不和谐而造成的家庭压力，对此，心理学家把这些压力都统称为"社会压力"。社会压力对内向者来说，将直接转换成心理压力、思想负担，久而久之，就会成为心结。

如果这种压力长久以来得不到有效释放，就会越积越多，并产生巨大的能量，最终，它就像一座火山一样爆发，导致的结果是，人们的情绪大变，总感觉自己活得太累，每天都不开心，脾气越来越坏，更有甚者精神崩溃，做出傻事。面对巨大的社会压力和心理压力，最重要的是学会自我调节、自我释放。

宣泄出来，负能量需要个出口

假如内向者心中的负能量高于正能量，长时间下去，这个人的心理就会崩溃。在生活中，如果把任何事情都当成了一种负担，内向者就有可能生活在压力、痛苦、烦躁和苦闷之中，渐渐地被负能量所围绕。相反，如果把一件事情仅仅当成了一种习惯，就能让一个人在潜移默化、不知不觉中成为自己梦想的那个人。每个人一生中都会面临两种选择，一是改变环境去适应自己，二是改变自己去适应环境。既然负能量是潜在的，是我们无法忽视的，我们为何不积极地改变自己，正确引导各种负能量成为自己前进的正能量。当然，假如我们不能把负能量转化为正能量，也要想办法创造正能量，这样我们才能面对真实的自己。

比较内向的汉里因为忧郁症引发了胃溃疡。有一天晚上，汉里因为胃出血，被送到芝加哥西北大学医院附属医院进行急救，在医院，他的体重由175磅（1磅=0.4536千克）急剧降到了90磅。汉里的病情十分严重，以至于医生连头都不许他抬。而且，医生认为汉里的病已经无药可救，他只能靠吃苏打粉、半流质食物，每天早晚都需要护士拿着橡皮管插进胃里给他洗胃。

这样痛苦的日子持续了几个月，终于，汉里对自己说："安息吧，汉里，要是除了等死，没什么其他指望的话，还不如充分利用你余下的生命做点什么。你不是想在有生之年周游世界吗？那么如果你还有志在此，就趁现在去实现吧！"

当汉里告诉几位医生自己要去周游世界，洗胃的事情他一天两次自己解决的时候，医生都大吃一惊。他们警告汉里说："绝不可能，这简直是闻所未闻。如果你敢去环游地球，那只能葬身海底了。"汉里坚持回答："不，绝不会。我答应过我的家人，我要葬在尼布雷斯卡州老家的墓地里，所以我打算让我的棺材随我同行。"

于是，汉里真的去买了一口棺材拉上船，然后和轮船公司商定，假如他死了，就把遗体放在冷冻舱里，直到回到家乡。就这样，汉里踏上了多年前规划的环球旅程，心里无限感慨。汉里从洛杉矶上了亚当斯总统号向东方航行的时候，心胸开阔，感觉到病情已经开始好转，慢慢地，他停止了洗胃，再后来吃喜欢的食物，而那些都是之前医生不让吃的东西。在几个星期之后，汉里还是好好的，而且还抽上了雪茄，喝了几杯酒也没事。虽然，在旅行的过程中，他还在印度洋上碰到了季候风，在太平洋上遭遇了台风，但是他却在冒险中获得了极大的乐趣。

汉里和船员们在船上游戏、歌唱，认识朋友，秉烛夜谈。甚至，在中国和印度，汉里领悟到了家里的烦心事与在东方见到的贫穷与饥饿问题比起来，简直是天堂与地狱。在那里，汉里把烦恼都抛到脑后了，感觉人生从来没这样快乐过。等汉里回到美国后,他发现自己体重增加了90磅,他甚至忘记自己曾经是胃溃疡患者了。那一刻,汉里觉得自己一生从来没这样健康舒适过,从那以后他再也没生过病。

案例中,汉里通过旅行来释放内心的负能量。试想,一个被医生判死刑的人在轮船上,微风荡漾,看着一望无际的大海,那种生的欲望就会涌现出来,再加上汉里本身就是一个性格开朗的人,当心态放宽之后,内心的负能量就慢慢消失了,取而代之的是积极的正能量。

正能量的释放,可以唤醒人内心最强劲的生命力,使得他所看到的世界都是美好的,在这样美好的世界里,自然是求生的欲望更强烈一些。于是,在医学上称之为奇迹的事情就发生了,有时候并不是医生判你死刑就是不可改变的事实,只要你怀着活着的信念,就一定能战胜心中的负能量,从而有可能战胜病魔。

1. 通过正确途径释放负能量

那些因负面情绪积聚而成的负能量就好像一颗毒瘤,如果你任由其发展,它就会越长越大,甚至会影响我们的身心健康。对此,我们应该积极寻找正确的途径释放负能量,比如,转移注意力,让自己的生活变得忙碌起来,积极创造正能量,等等。

2. 让负能量转化为正能量

有些人对于心中存在的负能量选择逃避,他们以为逃避了就可以创造出正能量。其实，只要你没有对负能量进行合理的释放，它随时都在影响着正能量的创造，我们只有将潜在的负能量释放出去，才能间接转化为正能量。

内向者心理启示

内向者若是背着负担走路，那么，再平坦的路也会让他感到身心疲惫，最终，他会因为不堪生活的压力而走向不归路。但是，如果我们能平复心境，试着把那些沉重的负担当成一种习惯，用轻松、淡然的心态去看待问题，心境便会变得澄明，所有的负能量便会缓解，负担也许会变成一种精神上的享受。内向者应该记住，当自己被负能量压得喘不过气来的时候，要学会通过正确的途径释放负能量。

一旦抱怨，你就被负能量掌控了

内向者和外向者面对同一枝玫瑰，内向者说："花下有刺，真讨厌！"外向者却说："刺上有花，真好看！"内向者挑着毛病，盯着不放，所以，他的生活中充满了抱怨，他注定是不快乐的；而看到花的外向者，因为怀着一颗感恩的心，尽管刺扎手，但是，他却闻到了刺伤花朵的芬芳，所以，他能感受到幸福和快乐。内向者容易忽视身边美丽的事物，总是怀着满腹牢骚，这样不仅解决不了任何问题，反而会增加许多不必要的沮丧和烦恼，即使遇到了幸福，也有可能会变成祸。所以，内向者请放下心中的抱怨，长存一颗感恩的心，你会发现自己会更好运。

虽然麦克是快餐店里的一名普通员工，每天的工作简单却又枯燥，需要不停地做许多相同的汉堡，虽然这份工作看起来没有什么新意，但是，麦克却感觉十分快乐。无论面对多么挑剔或尖酸刻薄的顾客，麦克从来都给予满怀善意的微笑，这么多年来一直如此。麦克那发自内心的真挚快乐，感染了许多人，同事有时候会忍不住问他："为什么你对这种毫无变化的工作感到快乐？到底是什么让你对这份工作充满了热情呢？"麦克回答道："每当我做好了一个汉堡，就想到一定会有人因为汉堡的美味而感到快乐，这样，我也就感到了自己作品带来的成功，这是一件多么美好的事情，因此，每天，我都感谢上天给了我这么好的一份工作。"

或许，正是麦克那种感恩的心理，使得那家快餐店的生意越来越好，名气也越来越大，最后，麦克的名字传到了老板的耳朵里。没过多久，麦克就荣升为快餐店的店长，对此，他更感激自己能拥有这份令人快乐的工作了。

内向者常常抱怨："幸福敲响了别人家的门，好运也被别人抢走了，只有我是最可怜的。"但是，当他抱怨的时候，自己是否意识到一切抱怨都是内心的负能量在作祟呢？负面情绪潜藏在心底，我们才会不自觉地发怒，抱怨生活的不公平。若是想赢得幸福，抓住好运，就要驱逐内心的负能量，所谓知足才能常乐，相反，越是不知足，越是苦恼，心中的负能量就会越积越多。学会知足，我们才不会因生活中的琐事而耿耿于怀；学会知足，才不会因生活中的烦恼而忧心忡忡。只有知足常乐，方能贴近幸福。

1. 远离抱怨

内向者喜欢抱怨，好似祥林嫂一样，见人就诉说自己儿子，逢人便哭诉自己的不幸，久而久之形成了一种习惯。他们常常把抱怨当作一种宣泄的方式，由于内心苦闷积压太深，没有办法得到排解，于是，他们选择向家人或朋友宣泄，开始无休止地抱怨。对这样的情况，心理专家警告："抱怨是毒品，远离抱怨，快乐地活在当下。"有人这样说："抱怨看起来像毒品，只能获得暂时的快感，却能要了你的命。"的确，抱怨就是毒品，抱怨多了，抱怨的时间久了，自然就会上瘾，而且，最关键的是，抱怨还会伤害到自己的朋友和家人。

2. 用感恩代替抱怨

习惯于抱怨的内向者，即使福到了，也会变成祸；而对于那些心怀感激的内向者，哪怕是祸来了，也会变成福。萧伯纳说："一个以自我为中心的人，总是在抱怨世界不能顺他的心。"如果一个人的心灵总是被抱怨占据，那么，即使面对再好的东西，他也会从中挑出骨头来。所以，对于人生来说，抱怨永远是负能量,要想人生处处充满阳光,我们就应该以感恩代替抱怨,放弃抱怨,停止抱怨,以积极的心态去面对社会,面对这个世界。

内向者心理启示

或许,生活中充满了太多的抱怨,内向者渐渐成为一个"怨妇"或"怨夫",有可能是生活中的一丁点儿不如意,就点燃了内心那些莫名的怒火和怨气。在抱怨的过程中,脾气变得越来越暴躁,内心越来越不安,心情越来越糟糕,整个人陷入了抱怨的恶性循环。往往是对一件小事的怨气会衍生到其他一些事情上,而对其他事情的抱怨又会导致更多的抱怨,自己的抱怨会招致家人和朋友的抱怨,而家人和朋友的抱怨又会招致自己更多的抱怨,如此恶性循环,最终,我们的生命在抱怨声中画上句号。

内向者先要接纳自我

对内向者而言,产生负能量的原因很多,其中,有一个原因却是十分特别的,就是因为接纳不了自己。这样的原因听起来似乎有点令人啼笑皆非,因为自己而陷入负面情绪?如果一个内向者太自卑,看自己哪里都是缺点,那么,他内心的

第 7 章
情绪管理，内向者学会给坏情绪一个出口

负能量是源源不断的，或许，每天的生活除了悲伤还是悲伤。子曰："不患人之不知己，而患人之不己知。"对于内向者来说，最担心的事情就是自己不够了解自己，更为关键的是，不懂得欣赏和肯定自己，因为有时候那些莫名其妙的负能量其实源于内心的自卑。他们习惯对自己挑剔，总是觉得这里不满意，那点也不如意，诸如，身高不够高，身材不够性感，脸蛋不漂亮，家庭条件不够好，等等，这一切都可以成为他们产生负面情绪的原因。所以，建议所有的内向者：把心门打开，学会肯定并欣赏自己，学会接纳自己。

琳达是一个内向的女孩子，她是一位电车车长的女儿，从小就喜欢唱歌和表演，梦想着自己长大后能够成为一名当红的好莱坞明星。然而，琳达长得并不算漂亮，她的嘴看起来很大，而且还有讨厌的龅牙。每次公开演唱，她都试图把上嘴唇拉下来盖住自己的牙齿。

有一次，她在新泽西州的一家夜总会演出，为了表演得更加完美，她在唱歌时努力拉下自己的上嘴唇来盖住那讨厌的龅牙，结果却令自己出尽洋相，这真是一次失败的演出。琳达看起来伤心极了，她觉得自己命运注定了失败，她真的打算放弃自己当初的梦想。但是，正在这时，同在夜总会听歌的一位客人却认为琳达很有天分，他告诉琳达："我跟你说，我一直在看你的演唱，我知道你想掩盖的是什么，你觉得你的牙齿长得很难看。"琳达低下了头，感到无地自容，然后，那个人继续说道:"难道说长了龅牙就是罪大恶极吗?不要想去掩盖,张开你的嘴巴,观众看到你自己都不在乎,他们就会喜欢你的。再说,那些你想掩盖住的牙齿,说不定能给你带来好运呢。"琳达接受了男士的建议,努力让自己不再去注意牙齿。从那时候开始,琳达只要想到台下的观众,她就张大了嘴巴,热情地歌唱,使她成为好莱坞当红的明星。

赛德兹说:"你应庆幸自己是世上独一无二的,应该将自己的禀赋发挥出来。"无论是龅牙一样的缺点,还是难以弥补的缺憾,它一样是生命重要的组成部分,在生命中占据着不可或缺的位置。如果我们总是看自己这里不顺眼,那里不顺眼,生命就会在对自己不断苛责的过程中枯萎了,以至于到最后,它都没来得及绽放那真切的美丽。

1. 你永远比你想象中好

你永远比你想象中要好。有一个衣衫不整、蓬头垢面的女孩,她长得很美,不过,总是表现得满脸怨气。有人跟她聊天,她也显得心不在焉,聊天的人都沉默了。有一天,一位心理学家惊讶地告诉她:"孩子,你难道不知道你是一个非常漂亮、非常好的姑娘吗?""您说什么?"姑娘有些不相信地看着对方,美丽的大眼睛里有泪,但更多的是惊喜。

原来,在生活中,她每天所面对的都是同学的嘲笑、母亲的责骂,在这样的过程中,她已经失去了自信,而自卑则成了她负能量的根源。事实上,每个人都不是完美的,可能在我们的身上有一些可爱的缺陷，但是，无论是缺点还是优点，那都是我们自己，我们首先应该接受并欣赏不完美的自己。

2.学会欣赏自己的美

有一个内向者的姑娘笑着说："我懂得我的外形和那些已经成名的女演员不一样，她们都相貌出众，五官端正，而我却不是这样，我的脸毛病很多，但这些毛病加在一起反而会更加有魅力。说实在的，我的脸确实与众不同，但是，我为什么要和别人一样呢？"她的自我欣赏与肯定并没有令大家失望，后来，她被誉为世界上最具自然美的人。

内向者心理启示

对于内向者而言，无论自己有着多么独特的缺点，都不要嫌弃它，我们需要以一种欣赏的眼光来看待，因为这个世界不需要大众化的美，而需要独特的美。在这一点上，每一个人都应该相信自己拥有一份与众不同的美，请学会欣赏与肯定自己，把心门打开，学会接纳自己。

你管理了情绪，就获得心灵的健康

情绪是指人们对环境中某个客观事物的特种感触所持有的身心体验，是一种对人生成功活动具有显著影响的非智力潜能因素。对此，美国密歇根大学心理学家南迪·内森通过一项研究发现：一般人的一生平均有十分之三的时间处于情绪不佳的状态，而其中大部分为内向者。所以他们常常需要与那些消极的情绪作斗争。一般情况下，内向者容易受情绪的牵制，他们有或大或小的心理障碍，而这将会影响其心灵健康。所以，要想心灵健康，内向者应该努力突破心理障碍，控制好自己的情绪，这样才有可能成为成功者。

有一天，陆军部长斯坦顿来到林肯办公室，气呼呼地对林肯说："一位少将用侮辱的话指责你偏袒一些人。"比较内向的林肯笑着建议："你可以写一封内容尖刻的信回敬那个家伙，狠狠地骂他一顿。"斯坦顿立即写了一封措辞激烈的信，然后交给总统看，林肯高声叫好："对了，对了，要的就是这个，好好训他一顿，写得真绝了，斯坦顿。"

但是，当斯坦顿把信叠好装进信封的时候，林肯却叫住他，问道："你干什么？"斯坦顿有点摸不着头脑了，说道："寄出去呀。"林肯大声说："不要胡闹，这封信不能发，快把它扔到炉子里去，凡是生气时写的信，我都是这么处理的。这封信写得很好，写的时候你已经解了气了，现在感觉好多了吧？那么就请你把它烧掉，再写第二封信吧！"

约翰·米尔顿说："一个人如果能够控制自己的激情、欲望和恐惧，那他就胜过了国王。"有时候，情绪不仅是心灵健康的庇护神，而且，它对我们决胜的关键时刻也异常重要。在

第 7 章
情绪管理，内向者学会给坏情绪一个出口

现实生活中，面对不同的环境，不同的对手，内向者采用何种手段并不重要，而是控制好自己的情绪才是至关重要的。每个内向者都有自己的情绪，而情绪又是一种抓不住的东西，在很多时候，它令我们捉摸不定。但是，不管怎样，我们都应该努力控制好它，保持平静的状态，以此保持心灵健康。

性格内向的胡佛是一位著名的飞行员，他常常在航空展览中心做飞行表演。有一次，胡佛在圣地亚哥航空展览中心做表演，飞机将要飞回洛杉矶。正当飞机飞行于300米高空的时候，飞机的两个引擎却突然熄火了。幸运的是，胡佛的技术熟练，操纵着飞机安全着陆，虽然飞机受到了严重损坏，但是，没有任何人受伤。

飞机降落之后，胡佛开始检查飞机的燃料，结果在自己的预料之中，原来自己所驾驶的螺旋桨飞机，里面所装的居然是喷气机燃料而不是汽油。回到机场以后，胡佛要求见为自己保养飞机的机械师，那位年轻的机械师感到十分恐惧，因为他知道自己的一时过错差点儿酿成大祸。胡佛走了过去，年轻的机械师流下了眼泪，自己造成了昂贵飞机的损失，甚至，差点儿就使三个人失去了生命。胡佛心中异常愤怒，很想痛斥机械师一顿，但是，他很快压抑了自己的愤怒情绪，并没有责骂那位年轻的机械师，而是温和地说："为了表示我相信你不会再犯错误，我要你明天再为我保养飞机。"说完，胡佛用手臂抱住了机械师的肩膀，而自己的心中从来没有这么平静过。

面对机械师所造成的严重错误，内向的胡佛虽然生气，但他及时控制了上升的情绪，因为他知道，如果自己任意发脾气，指责和挑剔机械师的过错，那很有可能将毁掉年轻机械师的一生，更何况即使自己发泄了情绪，获得了暂时的快感，但是，以后肯定会后悔当初的所作所为。最后，胡佛内心的平静恰好证明了心灵的健康，而这都是控制情绪所产生的效果。

1. 不被坏情绪左右

有时候，我们评价一个人的标准，只需要看一个人的涵养和行事的风格，就可以知道其是否能成为可塑之才，是否能成就一番事业。因此，如果内向者想成为一个成功的人，除了具备一定的常识和能力之外，全在于能否控制好情绪。如果能控制好情绪，就可以化阻力为助力，助你化险为夷；相反，若是不能掌控好情绪，便很容易激怒，甚至出现一些非理性的言行举止，而这将给自己带来一系列麻烦。所以，保持心灵健康，应努力控制自己的情绪，让自己成为情绪的真正主人。

2. 情绪失控会导致一系列麻烦

在法庭上，律师拿出了一封信问洛克菲勒："先生，你收到我寄给你的信了吗？你回信了吗？"洛克菲勒平静地回答："收到了，没有回信。"这时，律师又拿出了二十几封信，逐一地询问洛克菲勒，而洛克菲勒都以相同的表情、相同的语调给予了回答："收到了，没有回信。"终于，律师控制不住自己的情绪，暴跳如雷，不断咒骂。

结果，出乎人们的意料之外，法庭宣布洛克菲勒胜诉，因为律师因情绪失控而让自己乱了章法。从洛克菲勒的经历中可以看出，情绪对于一个人的重要性。在现实生活中，可能有许多人和事令我们感到愤怒或生气，这时，心中就会不断地滋生不良情绪，导致情绪很糟糕，进而影响了心灵健康。

内向者心理启示

有时候，情绪失控会给内向者生活带来一些不必要的麻烦，甚至，会导致心灵不健康。所以，要想保持心灵健康，内向者就应该努力控制自己的情绪，争做情绪的主人。在成功的路上，其实，内向者最大的敌人并不是缺少机会，或是能力不够，而是缺乏对自己情绪的控制。生气的时候，不能克制心中愤怒的情绪，使身边的人望而却步；消沉的时候，过于放纵自己的萎靡，这样我们就白白浪费了许多稍纵即逝的机会。事实上，控制情绪是保持心灵健康的必备法宝。

第8章 规避性格劣势，内向者如何远离消极情绪

对于一些外向者而言，工作中一些挫折或麻烦会被立即抛到云霄之外。但是内向者却容易被消极情绪左右，对自己的失误总是念念不忘，很久不能释怀。尽管内向者善于自我反省，但他们更不容易短时间从挫折感恢复过来。

凡事顺其自然，别过分执着

在很多时候，内向者身上的过分执着并不是一个好品质。它就像是一个魔咒，一点点地禁锢着内向者的身心，似乎内向者不朝着之前的方向继续下去就对不起良心。执着本身是一种可贵的品质，但凡事都有一定的限度，"执着"也是一样，适当的执着会体现出内向者个人的魅力，同时也可以使问题变得更简单。但若是不顾一切的执着，太过分的执着则会不自觉地将自己的身心束缚。总是放不下，总是不愿意放弃，只是固执地朝着一个方向前进，不管前面是康庄大道，还是死胡同，甚至，这样的坚持是无谓的，那么后果也是可悲的。

虽然，对生活执着是一种坚定的信念；对工作执着，是一种精神寄托；对爱情执着，是一种人生的美丽。但若是该放弃时不放手，就会使自己不堪负重而活得很累，甚至有可能走向

第 8 章
规避性格劣势，内向者如何远离消极情绪

另一种悲惨的结局，同时也让内向者身心疲惫。

性格比较内向的王大爷年轻时是村里的干部，后来因为赶上计划生育，他被迫离职了。离职的时候，他快五十了，在那一瞬间，他觉得生活好像没有了希望，他一直不肯承认自己竟然变成了跟隔壁大婶一样的百姓，他觉得自己还是支部书记。当然，他将这种执着放在心里，经常会去政府与上级领导说话，说自己的苦闷，说自己的无所事事，说自己的孩子上学没学费，希望领导能帮助解决。领导无奈："你现在已经离职了，不是干部了，这些事情你自己能解决的就自己解决，自己不能解决的，就找你们村里的干部。"王大爷固执地说："我不相信他们，我只相信我自己当干部的能力。"王大爷每次都去政府闹，刚开始大家还看在他是老干部的份儿上跟他聊聊，但时间长了，大家都清楚了他的禀性，晓得他很执着，就能躲就躲，能避开就避开。

在平时生活中，王大爷总是对自己被迫离职的事情耿耿于怀，他在家里动不动就说："如果我现在还是村里的干部，那村里现在肯定不是这样子。"家里人都开始厌烦他的唠叨了，老伴没好气地说："你在执着什么？你现在已经是平民百姓了，就应该是百姓的样子，有什么放不下的，有什么解不开的心结？简直是自己折磨自己。"其实，王大爷确实陷入了一个怪圈，他越是执着于自己被迫离职的事情，他就越痛苦，想想之前的辉煌日子，想想现在平凡的自己，越想越不是滋味，整

日无所事事，搞得自己身心疲惫。

王大爷所坚持的是内心的执着，而不是其他，因此他总是感觉过得很痛苦。如果他真的放下了内心过分的执着，以正常的心态回归到一个平民老头的身份，他会觉得生活依然充满着阳光。有些事情既然已经发生了，毫无回旋的余地了，那我们就要学会接受，而不是过于执着，过于执着只会让自己更加疲惫，不如放松身心，给自己一个舒适的心灵环境。

小河里的溪水，虽然平静无波，却有顽强的生命力和战斗力，它能够经受暴风骤雨的侵害，也可以坦然面对夏日骄阳的炙烤，它从来不在乎世界会有那么多的变化。一个人活着也是一样，人要有信念，但不能过于执着，不能与生命较真，不妨学会顺其自然，对生命中的意外和阻挠不必过于强求，也许，这样方能阻止自己生命的脚步过快地到达终点。

1. 坚定信念调整想法

人生需要有信念，这样生命才有前进的方向，才能更好地发挥出引航员的作用。对此，在人生的路途中，内向者除了坚定自己的信念，还要适时调整某些不切合实际的想法，我们不应太较真，太执着，而是学会放弃，这样生命才会更加绚丽灿烂。

2. 与其走向死胡同，不如拐弯走大道

如果内向者希望与别人合作，且已经明确地表达意图，但对方却毫无回应，在这种情况下，与其继续留下来攻坚，把时间花在啃掉这块硬骨头上，不如转身离去，把精力用来寻找新的目标。每个人做事都有自己的理由，放弃攻坚是对别人的尊重，也是一种明智的选择。

大量事实表明，第一次不成功的事情，以后成功的概率也是很小的，纠缠下去只会惹人厌烦，这样并没有太大的意思。与其把80%的精力耗在20%的希望上，不如以20%的精力去寻找新的目标，说不定还有80%的希望。

内向者心理启示

人的一生就好像花开花落，周而复始，没有什么花是永远不凋谢的，对于上天的安排，我们应该顺其自然，千万不能过于执着。太较真是一种疼痛，一种心魔，它不断侵蚀我们内心简单的快乐，最后，我们只能满身疲惫地倒下。

大气洒脱，别为琐事烦恼

有的内向者往往能勇敢地面对生活中的艰难险阻，却被小事情搞得灰头土脸，垂头丧气。其实，生活在这个世界，每天所遭遇的琐碎小事可以说不胜枚举，如果内向者总是斤斤计较，总是为那些眼前的小事烦恼，就会郁郁寡终。太过在意，犹如握得僵紧顽固的拳头，失去了松懈的自在和超脱。生命就是一种缘，是一种必然与偶然互为表里的机缘，有时候命运偏偏喜欢与人作对，你越是较真去追逐一种东西，它越是想方设法不让你如愿以偿。这时那些习惯于较真的内向者往往不能自拔，仿佛脑子里缠了一团毛线，越想越乱，他们陷在了自己挖的陷阱里；而那些乐观的外向者则明白知足常乐的道理，他们会顺其自然，而不会为眼前的事情所烦恼。

二战后，一位名叫罗伯特·摩尔的美国人在他的回忆录里写下了这样一件事：

"那是1945年3月的一天，我和我的战友在太平洋的一艘潜水艇里执行任务。忽然，我们从雷达上发现一支日军舰队朝我们开来。几分钟后，6枚深水炸弹在我们潜水艇的四周炸开，把我们直压到海底280英尺的地方。尽管如此，疯狂的日军仍不肯罢休，他们不停地投下深水炸弹，整整持续了15个小时。在这个过程中，有十几枚炸弹就在离我们几十英尺左右的地方爆炸。倘若再近一点的话，我们的潜水艇一定会炸出一个洞来，我们也就永远葬身太平洋了。

"当时，我和所有的战友一样，静躺在自己的床上，保持镇定。我甚至吓得不知如何呼吸了，脑子里仿佛蹿出一个魔鬼，它不停地对我说：'这下死定，这下死定了。'因为关闭了制冷系统，潜水艇内的温度大约达到40摄氏度，可是我却害怕得全身发冷，一阵阵冒虚汗。15个小时之后，攻击停止了，那艘布雷舰在用光了所有的炸弹后开走了。

第 8 章
规避性格劣势，内向者如何远离消极情绪

"我感觉这15个小时好像有15年那么漫长，过去的生活——浮现在我眼前，那些曾经让我烦恼的事情更是清晰地浮现在我的脑海中——爸爸把那个不错的闹钟给了哥哥而没给我，我因此几天不跟爸爸说话；结婚后，我没钱买汽车，没钱给妻子买好衣服，我们经常为了芝麻大的小事而吵架。

"这些在当时看来令人发愁的事情，在深水炸弹威胁我的生命时，都显得那么荒谬、渺小。当时，我就对自己发誓，如果我还有机会重见天日的话，我将永远不再计较那些眼前的小事了。"

做人要潇洒点，不要总是为眼前的小事而烦恼，这如此简单浅显的道理，我们却始终不能明白。有些事情在我们经历时总也想不通，直到生命的尽头才恍然大悟，如果上帝不再给我们一次机会，那岂不是永远的遗憾。

1. 眼前的事情总会成为过去

内向者总为眼前的事情而发愁，可能是没钱买房子，可能是没钱买车，可能是没钱给自己和亲人买好看的衣服，但这些事情总会成为过去。正如"面包会有的，牛奶会有的"，一切总会好起来的，有这样良好的心态，何必还与自己较真呢？

2. 换一种心态看问题

在这短暂的人生中，记住不要浪费时间去为眼前的事情而烦恼，虽然我们无法选择自己的老板、无法选择自己的出身、无法选择自己的机会，但内向者可以选择一种心态看待问题。

凡事看得开，看得透，看得远，自己就能赢得一份好心情。

💡 内向者心理启示

在山坡上有棵大树，岁月不曾使它枯萎，闪电不曾将它击倒，狂风暴雨不曾把它动摇，但它最后却被一群小甲虫的持续咬噬毁掉了。这就好像在生活中，一些内向者不曾被大石头绊倒，却因小石头而摔了一跤。

克制心中的怒火，让心静下来

2006年世界杯足球赛，在法国与意大利队的决赛的最后10分钟，由于受到对手挑衅，法国球星齐达内情绪失控，用身体冲撞对方球员，同时，给自己带来了一张红牌，给自己的足球生涯画上了句号，并导致了意大利的最后胜利。

在生活中，那些愤怒的情绪往往会挑拨起内向者心里的冲动，而冲动的结果令他们更加愤怒，如此这样，情绪会形成一种恶性循环，一发而不可收。事实上，只有远离冲动，抑制愤怒，内向者才能驶向开心的彼岸。有人这样生动地形容愤怒：人们在愤怒时就像是在喝酒一样，一旦喝下了第一杯，就会一杯接着一杯地喝下去，后来，越喝越醉。就这样，那些容易愤怒的内向者一旦陷入了愤怒的情绪里，就难以摆脱了。

第 8 章
规避性格劣势，内向者如何远离消极情绪

　　心理学家认为：愤怒是一种最具破坏性的情绪，它给人带来的负面情绪可能远远超过我们的想象。无疑，愤怒的情绪将严重地影响内向者的生活，让生活失去了平和的美丽。对此，面对愤怒的情绪，内向者应该努力抑制，因为，只有平和才会让我们变得美丽。

　　台湾著名高僧有一句名言："生气是拿别人的错误来惩罚自己。"每个人都有愤怒的生活，然而，当真正愤怒时该怎么办呢？最好的办法就是让愤怒的情绪停止下来，追求一种平和的美丽。

　　从前，有一个叫爱地巴的人住在西藏，他有一个很特别的习惯：每次生气或与别人争吵时，他都会以很快的速度跑回家，然后，绕着自己的房子和土地跑三圈，跑完以后，就坐在田边喘气。许多人对他这种习惯很不理解，每次好奇地问他这是为什么，爱地巴总是微笑着不语。

　　爱地巴是一个勤劳而精明的人，在自己的努力经营下，爱地巴的房子越来越大，土地也越来越广，但不管房子和土地有多大多广，一旦遇到了令自己生气或者与别人争论的事情，爱地巴依然会绕着自己的房子和土地跑三圈。

　　后来，爱地巴老了，不过，这并没有影响他那数十年不变的习惯。每当爱地巴生气时，他仍然会拄着拐杖艰难地绕着自己的房子和土地走三圈。好不容易走完了三圈，太阳已经下山了，而爱地巴则独自坐在田边，一边喘气，一边欣赏着自己的房子和

土地。

这时，孙子在爱地巴身边恳求："阿公，您可不可以告诉我？"爱地巴感到不解："告诉你什么呢？"孙子挨着爱地巴坐了下来，说道："请您告诉我，您一生气就绕着土地跑三圈的秘密？"爱地巴笑着说："年轻的时候，只要一和别人吵架、争论、生气，就会绕着房子和土地跑三圈，一边跑一边想：房子这么小，土地这么小，哪有时间去和别人生气呢？一想到这里，我的气就消了，整个人变得平和起来，把所有的时间都用来努力工作。"孙子感到很不解："阿公，可是现在您已经年老了，房子也大了，土地也广了，您已经是最富有的人了，那为什么还要绕着房子和土地跑三圈呢？"爱地巴温和地说："可是，我现在依然会生气，为了克制内心的愤怒情绪的蔓延，还是绕着房子和土地跑三圈，边跑边想：自己的房子这么大了，土地这么多了，又何必要和别人计较呢？一想到这里，我的气也就消了。"

任何事情都不像你想象的那么糟糕，没有必要一直在心里耿耿于怀，你的生气与愤怒不过是你自己罢了。那么，如何抑制内心的愤怒而保持平和的情绪呢？林则徐习惯在堂上挂着"制怒"的字匾，这样，在自己就要愤怒时，看到这两个字就及时控制住了怒气。而对于内向者林肯来说，能够抑制愤怒情绪的最佳法宝就是幽默感。

在南北战争时期，有一次，一位军官急匆匆地迎面而来，

第 8 章
规避性格劣势，内向者如何远离消极情绪

没料到，在作战部大楼的走廊上却一头撞到了林肯的身上。当军官看清被撞的是总统先生的时候，立即赔不是，那位军官恭敬地说道："一万个抱歉！"林肯诙谐地回答道："一个就足够了。"接着，林肯补充道："但愿全军的行动都能够如此迅速。"面对军官无意的过错，林肯没有生气，反而以幽默来化解军官的尴尬。

后来，在一次有关兵力问题的讨论中，有人问林肯："南方军队在战场上有多少人？"林肯回答说："有120万。"由于这个数字远远超过了南方军队的实际兵力，那些参与讨论的人脸上满是惊愕与疑虑，对林肯这样冒失地说出一个惊人的数字，感到有点不解和愤怒。接着，林肯解释说："一点儿也不错，的确是120万。你们知道，我们的那些将军们每次作战失利之后，总是对我说寡不敌众，敌人的兵力至少是我们军队的3倍。虽然我不愿意相信他们，但这样一来，南方的兵力无疑增加了3倍，现在我军在战场上有40万人，所以，南方军队是120万，这是毫无疑问的。"

当愤怒遇到了幽默感，那么，愤怒的情绪就会自然而然地消失。我们生活在这个世界，每天都会面对许多情绪，似乎情绪主宰了内向者的一切。有人说："一切争吵都是从情绪开始，一切纷争都来源于情绪。"在众多情绪中，愤怒和生气往往会引起强烈的反应，甚至，有可能会产生连锁反应，最后导致更大"战争"爆发。

内向者心理启示

心理学家告诉内向者："叫停、想一想、再去做,这三个步骤,是避免陷入怒火的最好方法。"每天的生活就如同在高速路上行驶,当内向者奋力向前时,不要忘记了刹车的功能,避免一不小心就撞了上去。当自己生气或愤怒时,记得反问自己:"愤怒真的解决问题吗?"当思想开始转移到如何解决这件事情时,就唤醒了理性的力量,这样,愤怒的情绪就会平息,开始变成一种美丽的平和姿态。所以,面对易怒的情绪,内向者应该抑制,因为只有平和才会使我们变得更加美丽。

你可以成就卓越的自己

从我们降临到这个世界上,上天就给予了我们不同的礼物,有的人太幸运,他得到的是一个完美无缺的洋娃娃,而有的人则运气不怎么好,他所得到的是一个修补过的洋娃娃。对于前者而言,他前面走的路会相对平坦一些,而对于后者,他的每一步都需要付出很多才能达到自己的目标。对此,不管内向者是属于前者还是后者,只要相信自己,即便自己所拥有的只不过是一个修补过的洋娃娃,也一样能缔造出命运的辉煌。

杰克·韦尔奇出生在一个典型的美国中产阶级家庭,父亲

第 8 章
规避性格劣势，内向者如何远离消极情绪

在铁路公司工作，每天早出晚归，因而，培养孩子的任务就落在了母亲的身上。与其他母亲不太一样，她对韦尔奇的关心更注重提升他的能力和意志。母亲是一位十分权威的人，她总是让韦尔奇觉得自己什么都能干，教会韦尔奇独立学习。每当韦尔奇的行为有所不妥，母亲总是以正面而有建设性的意见唤醒他，促使韦尔奇重新振作，母亲虽然话不是很多，但总令韦尔奇心服口服。

母亲一直抱持着这样的理念：坦率的沟通、面对现实、主宰自己的命运。她将这三门功课教给了韦尔奇，使得韦尔奇终生受益。母亲告诉韦尔奇："要掌握自己的命运就必须相信自己能缔造出命运的辉煌。"韦尔奇到了成年以后还是略带口吃，但是母亲安慰韦尔奇："这算不了什么缺陷，只不过思维比开口快了一些。"正是母亲给予的这份自信，让口吃不再成为阻碍韦尔奇发展的绊脚石，而是成为韦尔奇骄傲的标志。美国全国广播公司新闻部总裁迈克尔对韦尔奇十分钦佩，甚至开玩笑说："他真有力量，真有效率，我恨不得自己也口吃。"

韦尔奇凭借中学的优异成绩应该可以进美国最好的大学，但是，由于种种原因，他最后只进了州立大学。刚开始，韦尔奇感到十分沮丧，但进入大学以后，他的沮丧变成了幸运。他后来回忆这段经历，这样说道："如果当时我选择了麻省理工大学，那我就会被昔日的伙伴们打压，永远没有出头的一天，然而，这所较小的州立大学，让我获得了许多自信，我非常相

信一个人所经历的一切,都会成为成功的基石,包括母亲的支持,运动,上学,取得学位,虽然我天生口吃,但我相信我一样可以缔造出自己辉煌的命运。"韦尔奇的大学班主任威廉这样评价他:"他总是表现得很自信,他痛恨失败,即使在足球比赛中也一样。"

1981年,韦尔奇成为历史上最年轻的CEO,他是通用电气公司董事长。而自信成为通用电气的核心价值观之一,韦尔奇这样说:"我相信命运的辉煌可以靠自己来创造。"

戴高乐将军曾说:"眼睛所看到的地方,就是你会到达的地方,唯有伟大的人才能成就伟大的事,他们之所以伟大,就是因为他们决心要做出伟大的事。"生活中,像韦尔奇一样有口吃毛病的人很多,但像他一样成功的人却很少,为什么呢?因为大多数的口吃者都在为上天的不公平而抱怨,他们变得内向,但其实他们忘记了,即便自己是一位口吃者,但命运的辉煌完全是可以靠自己创造的,除了口吃,自己与其他人并无区别。

1. 不去计较上天给予的不公平

或许,在命运之初,上天发给我们的并不是一手好牌。但是,我们可以保持良好的心态,相信自己即便是一手烂牌,也可以打得漂亮,这在牌桌上叫牌品,在生活中叫信念。与其花时间去计较上天给予的不公平待遇,不如花心思打好自己手中的一副烂牌。

2. 命运的辉煌需要靠自己努力

我们的命运都掌握在自己手中，如果我们想让命运绽放出如烟花般灿烂的辉煌，那完全在于我们自己的努力，而不在于上天的恩赐。假如我们较真，那就较真自己是否努力过，是否拼搏过，只有真正地努力、拼搏之后，我们才能缔造出自己命运的辉煌。

内向者心理启示

在生活中，所谓的强者是什么？真正的强者不是凭借着各种资源努力向上爬的人，而是缔造自己命运辉煌的人。他们虽然遭遇了生活的不公平待遇，但依然可以冲破重重阻碍，最终采摘成功的果实。

何必总是和自己过不去

内向者有太多的时间封闭自己，所以他们在大多数时候与自己较劲。在生活中，内向者要懂得善待自己，认同并欣赏自己，而不是总是与自己较劲。善待自己，其实是一种自我解脱，你能清楚地认识到自己的优点和缺点，会让你对生活有更深刻的认识，即便在任何情况下，心理也会保持相对的平和，对于自己的某些缺点能够坦然面对，这样才能活出大气的人生。然而，在现实生活中，有的内向者总是不能够善待自己，他们总是纠结于自己身上的某些缺点，总觉得自己不够完美，结果，在这种不断暗示的心理状态下，他就真的变得自卑起来，而且往往会自寻烦恼，甚至因过于与自己较劲而造成难以挽回的悲剧。所以，在生活中，内向者要学会善待自己，不要与自己较劲，要学会欣赏自己。

内向的波波拉是位女教师，她一直很不满意自己的长相，好像哪儿看起来都不顺眼，在经过一番心理挣扎之后，她决定去整容。整形医师仔细打量了她的五官，认为她长得并不难看，关键问题在于波波拉内心的失衡，她把自己估计得太低。在波波拉的强烈坚持下，整形医师还是为他动了手术，不过只是稍微改善了她的五官，这比她自己所要求的要少很多。

手术之后，波波拉很不高兴，她一边打量镜子中的自己，一边埋怨："你并没有对我的脸孔作太大的改变。"整形医师解释说："你的脸孔本来就只需要稍作改善，问题是你使用脸孔的方式错了，你把它当作一个面具，用来遮掩你的真实感觉。"波波拉低下头："我已经尽自己最大的努力了。"医师没有说话，只是默默地看着她，波波拉沉默了许久，说道："每天我到学校去的时候，就像戴了张面具，尽量表现出自己最好的一面，我认为自己不够好，我把所有的感情全部隐藏起来，只留下我认为正确的一部分。但是，令我难过的是，在我三年的教学生涯中，孩子们总是嘲笑我。"

第 8 章
规避性格劣势，内向者如何远离消极情绪

整形医师微笑着说："孩子们嘲笑你，是因为他们已经看出你一直在演戏，他们了解你已经自我失衡。其实，作为一名教师，并不一定要使自己表现得十分完美，偶尔也可以表现得愚蠢一点，这样孩子们就会尊重你了。记住，你就是你，不需要改变自己的容貌，而是改变自己的心态，学会善待自己，不要总是跟自己较劲。"波波拉接受了医师的建议，从此以后，她再也不去在意自己的容貌，而是完全地接纳自己，最后，她成为孩子们最喜欢的老师。

自己看自己不顺眼，自己找气生，这都是自己跟自己较劲的表现。这时内向者需要给自己的心灵寻找出路，从内心深处来接纳自己，让自己与心灵融为一体，这才是真正的善待自己。有时候，自己与自己较劲的根源并不在于外在条件，或者自己身上的某些缺点，而是源于内心的阴霾，他们总是羡慕别人就是好的，总是觉得自己哪里都不对劲，于是，烦恼就产生了。长此以往，最终导致自我毁灭。

一群研究生曾向心理学家请教："你怎么解释'烦恼都是自己找来的'呢？"心理学家微笑着不说话，一会儿，他从房间里拿出了二十多个水杯摆在茶几上，杯子各式各样，有的是玻璃杯，有的是塑料杯，有的是瓷杯，有的是纸杯，有的杯子看起来很高贵，有的杯子看起来很粗陋。

心理学家开始说话了："你们都是我的学生，我就不把你们当客人看待了，你们要是渴了，就自己倒水喝吧。"这天正值天气闷热，大家便纷纷拿了自己中意的杯子倒水喝，当学生们都拿起了杯子，心理学家继续说："大家有没有发现，你们挑走的杯子都是比较好看、比较别致的，像这些塑料杯和纸杯，就没有人拿走。其实，这就是人之常情，谁都希望手里拿着的是一只好看的杯子，但是，我们需要的是水，而不是水杯，所以说，杯子的好坏，并不影响水的质量。"接着，心理学家解释道："想一想，如果我们总是有意或无意地把选杯子的心思用在了那些琐碎的事情上，甚至用在攀比上，那么，烦恼自然而然就来了。"

世界歌王迈克尔·杰克逊因心脏病突发去世，根据其经纪人披露：杰克逊的死是一幕心理悲剧。杰克逊认为自己长相不好，皮肤黝黑，因而心理失衡，多次通过漂白全身和整容来平衡自己，然而，这更使他承受了心灵与肉体的双重打击，自己跟自己较劲，最后导致了悲剧的发生。

内向者心理启示

生活中，许多内向者的烦恼、郁闷都是自找的，本来没有烦恼，或者说原本就不是烦恼，但由于内心对自己的苛责，不自觉地把一切事情都当作烦恼。所以，善待自己，宽容自我，抛弃心中的烦恼，不要自己跟自己较劲。

第9章　自我激励，内向者要相信和勇敢证明自己

作为一个内向者，要善于激励自己，即培养自己的自信心。一个缺乏自信心的内向者，他看不到自己的力量，看不到自己的优点与长处，在追逐目标的过程中，他失去了克服困难的信心和勇气，最终，他们只能与成功失之交臂。每一个内向者心里都隐藏着一股无穷的力量，他们所需要做的就是挖掘出这些潜在的力量。

跳脱出来，别给自己设限

内向者很容易为自己的心里设限，结果无法突破自我。实际上，每个人都可以成为展翅翱翔的雄鹰，重要的是，你不要在心理给自己设限，在心理给自己制造失败。内向者非常智慧，不过，他们发现每个人都像自己一样好时却感觉很糟糕。当他的内心被束缚，无法释放真实的自己时，那么，不自信就产生了。现实生活中，内向者常常会模糊自己真实的内心，习惯于在心理给自己设限，产生一种挫败感，导致最后他们还没有翱翔于蓝天就落地了。如果内向者习惯了自我设限，那么，他们的心就会失去向上生长的动力，只能在被束缚的范围里挣扎，无助。所以，不管内向者遭遇了什么挫折，都不要随意地

否定自己，否定自己就意味着扼杀自己的潜力和欲望。

在美国纽约街头，有一位卖气球的小贩，每当自己生意不怎么好的时候，他就会使用这样的方法：向天空放飞几只气球。这样一来，就会吸引一些围观的小朋友来玩耍，自己的生意又会好起来，那些被气球吸引过来的小朋友都争着买他的色彩漂亮的气球。

有一天，当他向空中放飞了几只气球后，他发现在一大群围观的孩子中间，有一个孤独的黑人小孩，他用一种疑惑的眼神看着天空。小贩很奇怪，他在看什么呢？顺着黑人孩子的眼光看去，发现空中正飘着一只黑色的气球。这只黑色气球是否代表着他自己呢？

小贩走上前去，用手轻轻地抚摸黑人孩子的头，微笑着说："孩子，黑色气球能不能飞上天，在于它心中有没有想飞的那一口气，如果这口气够足，那它一定能飞上天空。"

台湾著名美学大师蒋勋曾写道："每个人完成自我，才是心灵的自由状态；每一个人按照自己想要的样子完成自己，那就是美，完全不必有相对性。天地之下可以无所不美，因为每个人都发现自己存在的特殊性。大自然中，从来不会有一朵花去模仿另一朵花，每一朵花对自己存在的状态非常有自信。"即便内向者遭遇了挫折，也不要轻易给自己心理设限，而是鼓起勇气来面对自己，挑战命运，接纳不完美的自己。其实，无论是身体的缺陷还是生活中的困难与挫折，这都不是心理设限的借口，更不是自暴自弃的理由。内向者要敢于突破内心的束缚，释放自己最真实的内心。

1. 别轻易说"我做不到"

缺乏自信的内向者面对挫折与困难的时候，心底都会传出这样的声音："我做不到的。"自己束缚了内心，最终，他真的没有做到。齐克果曾经说："一旦一个人自我设限，并且一直认定自己就是个什么样的人时，他就是在否定自己，甚至他不会自我挑战，只想任由自己一直如此下去，而这终将导致自我毁灭。"其实，"我做不到"是一种逃避的心态，在还没有开始之前，他就先被打倒了，如果内向者始终以这样的逃避心态生活，那么，将会为自己留下许多难以弥补的遗憾。因此，内向者应该突破内心的束缚，当心开始恐惧的时候，我们应该大声对自己说："你一定能做到的。"不断地暗示自己，释放出真实的内心，以此获得最后的成功。

2. 不要给自己心理设限

有人这样种南瓜：当南瓜只有拇指大的时候，就把它装在罐子里，一旦它渐渐长大，就把会罐子内的空间占满，等到没有多余的空间了，南瓜则会停止成长，就一直维持在罐子里的那种形状了。内向者的心就如同南瓜一样，当习惯了自我设限，在被束缚的范围里就不能自由生长，会逐渐失去向上生长的动力，只能在原地徘徊。

3. 不要总去关注别人

有一天，十分聪明的纳斯鲁丁跑来找奥修，激动地说："快来帮帮我！"奥修问："发生了什么事？"纳斯鲁丁说："我感觉糟糕透了，我突然变得不自信了。天啊！我该怎么办？"奥修说："你一直是很自信的人呀，发生了什么事让你如此不自信呢？"纳斯鲁丁很沮丧地说："我发现每个人都像我一样好！"

内向者心理启示

其实，内向者的束缚是源于内心的不确定或者不自信，当他们能够坚定告诉自己"一定能行"，从内心深处建立起强大的自信，这种不确定或者不自信的束缚就会消失，而释放出真实的自我。所以，在人生前进的路上，内向者不要忘记告诉自己"你一定能行的"！

激励自己，内向者要相信自己

一位来自城里的记者询问在夜间忙碌的农民："为什么要在夜间翻地呢？"农民回答说："在夜间翻地，野草的生长率会降到2%，但若是让野草照到一缕阳光，它们便会快速增长，生长率高达70%呢！"听到这样的回答，记者当时惊呆了，他

第 9 章
自我激励，内向者要相信和勇敢证明自己

并不是因为快速生长的野草会影响农作物，而是被野草的生命之美所感动。野草，本来是多少不起眼的小生命啊！但是，因为那一缕阳光的生命力，怀抱自信，冲破黑暗，沐浴阳光。就连野草这样卑微的生命都对自己充满了信心，何况我们还生活着，拥有生命，为什么要自卑呢？即便是性格内向的人，也不要羞于自卑，而是要勇敢地相信自己。

其实，很多时候，自卑是源于内向者内心的比较，越比较越觉得自己处处不如人，结果，内心就越来越自卑。正所谓"天生我材必有用"，上天从来都是公平的，它会眷顾每一个人。在它为你关上一扇门的同时总会为你打开一扇窗户，如果内向者总是怀着自卑之心，又怎能得到上天的眷顾呢？自信是一个人跨越成功门槛的动力，丢掉内心的自卑，提升自信，这样内向者向前的脚步将会变得更加轻盈。

俄国著名戏剧家斯坦尼夫斯基，有一次在排练一出话剧的时候，女主角突然有事不能演出了。斯坦尼夫斯基实在找不到人，只好叫他的大姐担任这个角色。大姐以前只是一个服装道具管理员，现在突然要出演主角，内心很自卑胆怯，结果，演得很差，引起了斯坦尼夫斯基的不满。

有一次，在排练节目的时候，他突然停下来，说："这场戏是全剧的关键：如果女主角仍然演得这样差劲儿，整出戏就不能再往下排了！"顿时，全场都安静了下来，大姐很久都没说话，突然，她抬起头来，说："排练！"一扫内心的自卑、

羞怯，演得非常自信，非常真实。斯坦尼夫斯基高兴地说："我们又新增了一位表演艺术家。"

拿破仑说："只要有信心，你就能移动一座山。只要坚信自己会成功，你就能成功。"可是，在生活中，拥有信心的人并不多。自信本身并不神奇，也不神秘，但是，如果内向者相信自己确实能够做到，自然就会信心百倍。

1. 自信是一种人格魅力

读过《简爱》这本书的人都会被那个自信的女孩所吸引，在书中，家财万贯、性格孤僻的庄园主罗杰斯特为什么会爱上地位低下而又其貌不扬的家庭女教师呢？答案其实很简单，因为简·爱自信、自尊，富有人格的魅力。正是这种自信的气质与魅力，使她获得了罗杰斯特由衷的敬佩和深深的爱恋。有人在研究当代世界名人的成长经历之后发现，这些名人对自我都有一种积极的认识和评价，表现出相当的自信。坚定的自信心，不仅使人在事业上不断进取，达到既定目标，而且，使人在性格上重塑自我，增添人格魅力。

2. 过度自卑会影响生活和工作

自卑是一种因过度自我否定而产生的自惭形秽的情绪体验。其实，在生活中，几乎每个人都有自卑心理，只是程度不同而已。适度的自卑能够激励人们发奋努力，获得成功，但是，过度的自卑，则会影响一个人的心理、行为乃至事业成就。

3. 认识自我价值

自卑是一种不良的自我评价，表现为否定、排斥或压抑自己，悲观失望、自我封闭、意志消沉。内向者摆脱自卑心理，需要强化自我认同，提高自我效能感，也就是自己对自己能力的认同。内向者错误自我评价经常产生于错误的比较，要求内向者上进的同时做好自我能力的分析，避免选择不恰当的比较对象而让自尊心受到严重创伤。内向者在与他人横向比较时也需要纵向比较，认识到自己的进步和优点。

内向者心理启示

那些对自己缺乏信心的内向者过度关注自己的生理缺陷和能力的不足，导致其心理承受能力十分脆弱，经不起较强的刺激。他们很容易对他人产生猜疑、嫉妒心理，行为总是畏首畏尾、瞻前顾后。或许他们本可以成为优秀人才，但是，因为他们看不到自己的特长，心理自卑不敢发挥自己的优势，最终只能碌碌无为。自卑，就好似一个陷阱，阻碍内向者继续前进。因此，内向者要敢于摒弃自卑，让自信的阳光洒满心房。

内向者要成功，首先要自信

这个世界上大多数优秀者都诞生在内向者之中，为什么？

因为这些内向者对自己充满了绝对的自信。在《圣经》中有这样一句话："你的成功取决于你的信心。"事实上，自信往往能产生奇迹，相信自己的人，总是充满着极大的热情和力量。简单地说，那些在信心庇护下的人能从束缚、妨碍缺乏信心的许多担忧和焦虑中解脱出来。自信的人有行动的自由，他的能力也能自由发挥，在这种自由下能取得一定的成就是必然的。试想，一个内向者的思想若是受到了担忧、焦虑、恐惧或无把握感的束缚和妨碍，他的大脑就不可能有效地指挥自己去完成某些事情。

信心是一块伟大的基石，在内向者作出努力的所有方面，信心往往能创造奇迹。信心使内向者的力量倍增，更使内向者的才能增加数倍，如果没有信心，内向者将一事无成。即使一个有卓越能力的内向者，一旦他对自己或对自己的才能失去信心，那他就会迅速地失去力量，变得不堪一击。

著名数学家高斯是一位内向者，不过他的成功之路就在于相信自己一定能行。

1796年的一天，在德国哥廷根大学，19岁的高斯吃完了晚饭，就开始做导师单独布置给自己的每天例行三道数学题。高斯很快就把前两道题做完了，这时，他看到了第三道题：要求只用圆规和一把没有刻度的直尺，画出一个正17边形。高斯感到非常吃力，时间很快就过去了，这道题还是没有一点进展，高斯绞尽脑汁，他很快发现自己学过的所有数学知识似乎都不能解答这道题。不过，这反而激起了高斯的斗志，他下决心："我一定要把它做出来！"他拿起了圆规和直尺，一边思考一边在纸上画着，尝试着用一些常规的思路去找出答案。

　　天快亮了，高斯长舒了一口气，他终于解答出这道难题。见到导师，高斯有点内疚："您给我布置的第三道题，我竟然做了整整一个通宵，我辜负了您对我的栽培……"导师接过了作业，当即惊呆了，他用颤抖的声音对高斯说："这是你自己做出来的吗？"高斯有点疑惑："是我做的，但是，我花了整整一个通宵。"导师激动地说："你知不知道，你解开了一道两千多年历史的数学题，阿基米德没有解决，牛顿没有解决，你竟然一个晚上就做出来了，你才是真正的天才！"原来，导师误把这道难题交给了高斯，每次高斯回忆起这一幕时，总是说："如果有人告诉我，这是一道两千多年历史的数学难题，我可能永远也没有信心将它解出来。"

　　生活处处充满奇迹，只要内向者相信就一定能实现。信心使你坚信自己一定能成功，信心能开启守卫生命真正源泉的大门，正是借助于信心，才能发掘伟大的内在力量。在很多时候，人生是辉煌还是平庸，是伟大还是渺小，都将与你的信心成正比。

　　1. 不要总觉得自己很差

　　内向者总认为自己很差，从而容易陷入自卑的情绪之中，尤其是内向者不能像外向者那般哗众取宠。所以他们感觉自己被人们忽略了，他们在沟通、做事和行动方面感觉自己比不上别人。所以，内向者要转变观念，不要总是觉得自己很差，要善于看到自己优秀的一面。

2. 不要在意别人的看法

虽然内向者了解自己的内心所想，不过并不了解别人心里的想法，总是感觉自己与他人有距离感，所以他们对外面社会发生的事情漠不关心，而且觉得自己与社会有了偏差因而感到很不安，当然，他们太在意别人的看法，结果使自己失去信心。

3. 客观看待自己

当内向者缺乏衡量自己是否正确的明确标准时，趋向通过与他人比较以确定自己正确与否。不过由于整个社会是与外向者站在一起的，一切的事情都是以外向者作为参照物的，这些模范人物和价值标准好像与自己是完全相反的，内向者觉得什么都不行，结果容易陷入悲观情绪中，使自己失去信心。

内向者心理启示

现实生活中的许多内向者不相信自己，他们甚至不知道信心为何物，在他们看来，这个世界并没有什么奇迹。其实，这都源于他们对自己缺乏信心。要知道，信心能使我们站得高，看得远，能使我们站在高山之巅，眺望远方看到充满希望的大地。

大胆挑战，去完成那些看似不可能的事

为什么内向者比外向者看起来更显得自卑？因为相比而言，内向者对一些东西更容易选择逃避，那些看起来不可能完成的任务，他们选择了放弃，而只是喜欢沉浸在自己的精神世界里，与外界社会完全脱离了。不过，假如内向者希望赢得成功，使自己变得更加自信，甚至达到自己期望的高度，那就需要勇敢挑战那些不可能完成的任务。一个人的思想决定一个人的命运，内向者缺乏挑战不可能完成任务的勇气，就只能画地为牢，最终将自己无限的潜能化为有限的成就而无法晋升。如果内向者想让自己的业绩更上一层楼，想攀登更高的山峰，那就鼓起勇气去挑战那些不可能完成的任务。

杰克逊向人们讲述了自己经历的一件事情：

在一次例行的业余跳伞训练中，杰克逊和其他学员由教练引导，背着降落伞登上了运输机，准备进行高空跳伞。突然，不知道是哪个学员惊叫了一声，大家顺眼望去，竟然发现了一位盲人，他带着自己的导盲犬，正随着大家一起登机。令人惊讶的是，和大家一样，这位盲人和导盲犬的背上也有一具降落伞。

飞机起飞之后，所有参加这次跳伞训练的学员们都围着这位盲人，大家七嘴八舌地问他："为什么会参加这一次跳伞训练？"一名学员好奇地问道："你根本看不见东西，怎么能

跳伞呢？"盲人回答得很轻松："那有什么困难的？等飞机到了预定的高度，开始跳伞的警告指令响起，我只要抱着我的导盲犬，跟着你们一起排队往外跳，不就行了吗？"另一名学员接着问道："那……你是怎么知道在什么时候可以拉开降落伞呢？"盲人笑着回答："那更简单，教练不是教过？跳出去以后，从一数到五，我就自然会把导盲犬和我自己身上的降落伞拉开，只要我不是结巴，我就不会有生命危险啊！"杰克逊也忍不住问道："可是……落地的时候呢？跳伞最危险的地方，就是在落地的那一刻，那你又该怎么办呢？"盲人满是信心地回答："这还不容易，只要等到我的导盲犬吓得乱叫的时候，同时，手中的绳索变得很轻的时候，我就已经做好落地的标准动作了，这样不就安全了？"

讲完故事以后，杰克逊这样说道："很多时候，阻碍我们去做某件事情的是自己内向的性格，只要鼓起勇气，相信自己，那么，人生就是美好的。"你是否能成功，关键在于是否相信自己的判断，是否具有适当冒险与采取行动的勇气。如果自己总是以胆怯的样子来面对每一件事，那么，当你犹豫的时候，你已经失去了最好的机会。

1. 遇到困难不要退缩

大多数内向者遇到困难退缩，并非无法战胜困难，而是缺乏战胜困难的勇气。他们不相信自己能够战胜困难，所以在尚未尝试时就打退堂鼓。其实，内向者如果在遭遇困难之后都选择迎难而上，那成功肯定属于他。

2.勇于挑战一切不可能完成的任务

一位内向者看着台上滔滔不绝的演讲者，总会感叹："他讲得多好啊，我肯定不行，我上台双腿就哆嗦，站也站不稳……而且我还会忘记自己应该讲什么内容……如果台下有人发出质疑之声，我肯定会选择逃跑。"这些都是他在尚未开始挑战时幻想出来的，是不切合实际的。内向者所需要做的就是打消这些消极想法，勇于去做一次公开讲话的活动，这样才会让自己变得自信起来。

内向者心理启示

比尔·盖茨说："所谓机会，就是去尝试新的、没做过的事。可惜在微软神话下，许多人要做的，仅仅是去重复微软的一切。这些不敢创新、不敢冒险的人，用不了多久就会丧失竞争力，又哪来成功的机会呢？"微软只会青睐那些敢于冒险、相信自己判断的人，而内向者身上最缺乏的就是这种精神。当不自信变成一种习惯的时候，那么胆怯的内向者就诞生了，因此，克服自己胆怯而自卑的心理，就必须学会相信自己，不仅如此，内向者还应该勇于挑战自我，这样才能塑造充满勇气的自信人生！

别怀疑自己，相信自己一定能做到

心理学家建议内向者：面对任何问题都要持怀疑态度、好奇态度进行思考。当然，对问题的怀疑将意味着内向者需要证明自己的想法是正确的，这时候怀疑的是问题本身，而不应该是自己。意识到问题的存在是思维的起点，没有问题的思维是肤浅，敢于质疑，常常是成功的导火线。然而，对某些内向者来说，面对一些既成的事实，即使他们发现了一些问题，他们所能怀疑的是自己，而不是问题本身。所以，不要怀疑自己，而是要大胆证明自己，要善于并敢于否定前人，不要一味地盲目地迷信权威。在某些问题上，如果自己真的发现了端倪，内向者所需要的做的并不是怀疑自己，而是努力证明自己，当然，这需要绝对的自信与勇气。

克里斯托·莱伊恩是英国一位年轻的建筑设计师，幸运的他被邀请参加了温泽市政府大厅的设计。克里斯托·莱伊恩没有运用工程力学，而是根据自己的经验，巧妙地设计了只用一根柱子就支撑了大厅天顶的预案。一年过去了，当市政府请权威人士来验收工程的时候，却对克里斯托·莱伊恩设计的一根支柱提出了异议，他们认为用一根柱子支撑天花板太危险了，要求克里斯托·莱伊恩再多增加几根柱子。克里斯托·莱伊恩十分自信地说："只要用一根柱子便足以保证大厅的稳固。"他完全相信自己的计算和经验，拒绝了工程验收专家的建议。不过，克里斯

第9章
自我激励，内向者要相信和勇敢证明自己

托·莱伊恩的固执惹恼了市政府官员，他差点因此而被送上法庭。在这种情况下，克里斯托·莱伊恩只好在大厅周围增加了4根柱子，不过，这4根柱子全部没有挨着天花板，之间相隔了2毫米。

三百年过去了，温泽市的市政官员换了一批又一批，但是，市政府大厅依然坚固如初，一直到20世纪后期，当市政府准备修缮大厅的时候，才发现了这个秘密。当时，消息一传出，轰动了全世界，各国著名的建筑师都慕名而来，欣赏这几根神奇的柱子，他们看到了在大厅中央圆柱顶端写着一行字："自信和真理只需要一根支柱。"而克里斯托·莱伊恩这位伟大的设计师，他只留下了这样一句话："我很自信，至少100年后，当你们面对这根柱子的时候，只能哑口无言，甚至瞠目结舌。我要说明的是，你们看到的不是什么奇迹，而是我对自信的一点坚持。"

即使自己的设计遭到了质疑，克里斯托·莱伊恩依然坚信自己的判断是正确的，他从来不怀疑自己设计的正确性，而且，努力、大胆地证明了自己。时间是不会偏颇一个人的，正是时间证明了克里斯托·莱伊恩的自信与真理。有的人其实已经触碰了真理，但是，他却因此而怀疑自己，最终，他错过了成功的机会。

1. 要努力勇敢地证明自己

对自己的怀疑，常常会让内向者失去成功的机会，或是

让他们放慢前进的脚步。所以,任何时候,切莫怀疑自己,而是努力、勇敢地证明自己,这样我们才有可能站在成功的顶峰。

2. 即便是真理,也要大胆怀疑

伽利略是意大利伟大的科学家,当时,研究科学的人都信奉亚里士多德的见解,如果有人怀疑亚里士多德,人们就会对他进行责备:"你是什么意思?难道要违背人类的真理吗?"亚里士多德曾说:"两个铁球,一个10磅重,一个1磅重,它们同时从高处落下来,10磅重的一定先着地,速度是1磅重的10倍。"而伽利略对这句话却表示怀疑,他心想:如果这句话是正确的,那么将这两个铁球拴在一起,那么落得慢的就会拖住落得快的,那么落下的速度就应该比较慢,如果把两个铁球看成一个整体,那落下的速度应该比原来10磅重的铁球快。

伽利略相信自己的判断,他开始做实验,希望通过实验来证明自己。果然,实验的结果证明了亚里士多德的结论是错误的,而自己的判断是正确的。如果伽利略怀疑自己,不敢相信自己,那么也许科学的脚步会慢许多。

内向者心理启示

如果内向者总是不断地怀疑自己,这是缺乏自信的人所表现出来的特点。缺乏自信的内向者,他们不敢,甚至畏惧相信自己的想法和判断；缺乏自信的内向者，他们想办法证明自己是错误的，而不会证明自己是正确的，因为他们内心畏惧出错。怀疑自己，只会成为成功之路的障碍，只会使自己放慢前进的步伐，所以，对自己多一份自信，相信自己，千万不要怀疑自己，同时，内向者应该鼓起勇气去证明自己。

第10章　心眼明亮，内向者要有一颗感知外界的心

　　内向者太过于关注自我世界，与整个世界隔绝开来，他们常常觉得没办法理解他人的行为和话语。所以，对于内向者而言，需要深谙感知能力，不仅了解自己的心理，更要了解身边的人在想什么以及他们需要什么。

音色背后暗藏哪些性格特征

　　内向者是最善于倾听的人，所以，要积极发挥自己听的能力。即便是倾听，也可以听出他人的性格以及情绪，比如音色。音色是声音的特性，一般而言，音调的高低取决于发声体振动的频率，响度的大小取决于发声体振动的振幅，但对于不同的人来说，其音色是不同的。其实，音色的不同取决于不同的泛音，不同的人发出的声音，除了一个基音外，还有许多不同频率的泛音伴随，而恰恰是这些泛音决定了其不同的音色，使我们能分辨出不同人发出的声音。

　　熟悉声乐的人应该明白，声和音是两个不同的概念。音是声的余波、余韵，两者之间相差不远，但它们之间还是存在着细微的差别。在平时生活中，大部分人说话，只不过是声响散布在空气中而已，没有音可言。当然，如果说话的时候，虽

第10章
心眼明亮，内向者要有一颗感知外界的心

然嘴巴张得很大，但声未出而气先发，那就表示对方有着深厚的内在素养。事实上，内向者应该明白，一个人的喜怒哀乐是可以通过音色表现出来的，即使对方很想掩饰自己或者控制自己，但其内在情绪还是会不由自主地泄露出来。所以，内向者通过音色来识别一个人的性格及内心世界是比较可行的方法。

在西晋的时候，王湛的父亲去世了，他居丧三年，丧期满了，就居住在父亲的坟墓旁边。侄子王济来祭扫祖坟，从来不去看望叔父王湛，两人偶然碰到了一起，也是寒暄几句就作罢。

有一次，王济试探性地问了叔父最近的事情，王湛回答时音调适当，音色温顺流畅。王济听了，大吃一惊，在他看来，叔父之前不过是胆小怕事、缺乏主见、意志软弱之人，由于王湛的品性不佳，王济从来不把他当叔父看待，没想到，现在变得如此稳重。自从这次与他交谈后，心生敬畏之意。自己虽然才华出众，但在叔父面前，却是自愧不如。王济不禁感叹："家里有名士，这么多年却不知道！"

以前，晋武帝每次见到王济，都会拿王湛开玩笑，问他："你家里那位傻子叔父死了没有？"每到这时，王济总是无言以对。自从与叔父畅谈之后，王济对叔父有了新的认识，等到晋武帝再那样问起的时候，王济便回答说："臣的叔父并不傻。"接着，王济便如实讲出了王湛的优点。晋武帝问道："可以和谁相比呢？"王济回答说："在山涛之下，魏舒之上。"由于王济的推荐，王湛的名气逐渐大了起来，他28岁时

就走上了仕途，被天下人所知。

心理学家认为，说话速度较慢、音色温顺平和的人，他们对于权力都看得很淡，过着与世无争的生活，比较容易与人相处。不过，由于个性比较软弱，胆小怕事，对于外界的人和事都采取逃避的态度。但这样的人有着丰厚的内在素养，若是有人在旁边提携一把，他会成为一个大有作为的人物，比如王湛。

内向者可以通过下面几种常见的音色，来判断对方属于哪种性格。

1. 音色深沉

这样的人大多才华出众，语气凝重，言辞隽永。对于生活中的人和事，他们能够理解得深刻而准确，对自己和他人很负责任，值得信赖。或许是因为不擅长处理复杂的人际关系，他们往往不能得到重用，自己的才华也无处施展。

2. 音色铿锵有力

这样的人是非分明，对于任何事情都需要坚持原则，给人的感觉就是原则性太强，而不懂得变通，常常因为一件小事情，而让人没有商量的余地。不过，从另一方面来说，他们常常因为公正而受到人们的尊敬。通常，他们在评价别人的时候，不会因主观原因而产生偏见，即使与对方存在私人恩怨也可做到公正无私。

3. 音色柔和

这样的人待人宽厚，性格大度，做事懂得变通。他们不会轻易与人发生争执，在他们看来，无谓的争辩只会伤了彼此间的和气。他们藏起了自己的锋芒，在交际中展现八面玲珑的一面，擅长处理人际关系。

4. 音色激烈

这样的人有着较强的好奇心，有较为独特的思维能力，敢于向传统挑战，敢于向那些所谓的"权威"挑战。他们有着丰富的想象力，经常会想出一些奇思妙计。在语言表达上，他们显得与众不同，比较有吸引力。不过，由于其敏感的性格，不能冷静地思考，难以被人所理解。

5. 音色尖锐

这样的人言辞比较犀利，喜欢与他人争辩，在与他人争执过程中，一旦抓住了对方的语言漏洞就会毫不留情地反击，以致对方哑口无言。他们看问题比较准确，不过，由于语言极具攻击性，因此，他们总是忽略事情的整体一面，而使自己常常陷入抬杠的境地。

💡 内向者心理启示

简单地说，每一个人即使说着相同的话，也存在着不同的音色，因此，内向者可以根据这些音色去分辨对方。心理学家认为，音色是性格的密码。在生活中，我们常说，谁的嗓子音色很美，或音色沙哑、独具个性，有时候，我们还会评论小提琴家"音色丰富多变"，等等。其实，这些独具个性的音色，恰恰是内向者摸清对方性格的钥匙。

那些"弦外之音"，你能听懂吗

在倾听过程中，内向者如何听出一个人的"弦外之音"？对此，曾国藩说："辨声之法，必辨喜怒哀乐。"一个人的七情六欲，喜怒哀乐都可以从声音中听出来。所谓"话由心生"，心境不同，发出的"声"也会有很大的不同。在人际交往中，内向者可能时常会遭遇这样尴尬的场面：对方明明是一张笑脸，却转眼变成了黑脸。究其缘由，就在于内向者没能适时听出对方的"弦外之音"。有时候，语言的交流相当于一场没有硝烟的战争，彼此都是心照不宣，但为了保持一种良好的风度，却又不敢直接表露出来。于是，那些看似平静的言辞之中，往往隐藏着刺儿。如果你稍有不慎，就会被对方的"弦外之音"所伤害，使自己处于一种被动的境地。所以，与人交往，内向者要留意对方的声音，学会听懂对方的"弦外之音"。

当吕不韦命令人编撰好了《吕氏春秋》，他召集了包括李斯在内的很多人举行了一次盛大的聚会。在一片笑容之海中，吕不韦面带笑容，慷慨言道："东方六国，兵强不如我秦，法

第 10 章
心眼明亮，内向者要有一颗感知外界的心

治不如我秦，民富不如我秦，而素以文化轻视我秦，讥笑我秦为弃礼义而上首功之国。本相自执政以来，无日不深引为恨。今《吕氏春秋》编成，驰传诸侯，广布天下，看东方六国还有何话说。"字字掷地有声，百官齐齐喝彩。

之后，吕不韦召士人出来答谢，他也坦然承认，这些士人是《吕氏春秋》的真正作者。李斯发现那些士人精神饱满，神情倨傲，浑不以满殿的高官贵爵为意。在他们身上，似乎有着直挺的脊梁，血性的张狂。当时的《吕氏春秋》中记载："当理不避其难，临患忘利，遗生行义，视死如归。""国君不得而友，天子不得而臣。大者定天下，其次定一国。""义不臣乎天子，不友乎诸侯，得意则不惭为人君，不得意则不肯为人臣。"

李斯看着那些强悍的将士，聪明的他猜出了吕不韦的"弦外之音"："哪怕有一天我吕不韦失去了天下，但是只要有这些英勇的将士，谁也别想轻视我。如果你想和我作对，还是需要好好考虑再作打算吧。"于是，李斯当即陷入了沉默，不再言语。在这里，吕不韦虽然是笑容满面，声音也很正常，但从那平稳的语调中，却透露出一种胁迫的力量。

1. "温柔"的反击

当女记者对丘吉尔说："如果我是您的妻子，我会在您的咖啡里下毒药的。"丘吉尔温柔地看着她说："如果我是你的丈夫，我就会毫不犹豫地把它喝下去！"在这里，丘吉尔的声音里一点儿也没表现出生气的情绪，反而温柔地告诉对方自己心中所想。

有时候，在与他人的语言交流中，如果内向者在言语上触碰了对方的伤痛，这时，对方还是以平静而温柔的声音回答我们，内向者就应该留意了，对方话里是否藏有"利剑"。当然，并不是指所有温柔、平静的声音里都藏有弦外之音，话中是否还有别的意思，这需要内向者根据语言交流的进程来猜测。

2. 犀利的语调

有的人本身不善于隐藏自己的情绪，一旦被话语击中，他会毫不犹豫地进行反击。这时，对方心中愤怒的情绪已经反映在其犀利的语调中了。如果面对的是言辞犀利的对手，内向者不妨采用一些方法进行回击。

当然，这也需要掌握一些语言上的技巧，或者是话里有话地答复对方，或者是以自嘲的方式来使自己摆脱困境。你在措辞的时候，一定要注意即便是回击也要不着痕迹，不要伤害到对方，在对方面前，内向者应该保持一个对手应有的胸怀和气度。

内向者心理启示

《南史·范晔传》："吾于音乐，听功不及自挥，但所精非雅声为可恨，然至于一绝处，亦复何异邪。其中体趣，言之不可尽。弦外之意，虚响之音，不知所从而来。"通常情况下，那些隐藏的"弦外之音"是不会轻易地被发现的，它只是在话里间接地透露出来，而不是清晰地表达出来，它有可能隐藏在语调里，有可能隐藏在音色里。这就需要内向者在与对方进行语言交流时，仔细揣摩"弦外之音"，才能清楚对方想表达的真实意图是什么。

分析对方语调，了解其真实情绪

内向者或许不清楚，即便语调里也隐藏着潜在的真实情绪。语调是指人们在说话的时候所体现的约定俗成的表示态度情绪的语气，比如诚意、尖酸刻薄等。在日常交际中，大部分的沟通都是凭借有声语言来达到交流的目的，而语言表达则只在于语音。有声语言借助语音的细微变化、语调语气以及停顿等一系列表达形式，使自己的言语表达更加准确、清晰自然，同时，还具备抑扬顿挫的音乐感，就像一个技艺高超的琴师，弹奏出悦耳动听的音乐，体现出语言的音律美与和谐美。更为重要的是，内向者可以通过倾听语调来了解对方的内心意图，摸清对方的性格。每一句话都有着不容置疑的语气，包含着众多的情绪，但这似乎需要用不同的语调来表达，而恰恰是这些不同的语调出卖了对方真实的内心。

有一次，张先生的朋友告诉他，他认识一家建筑公司的经理，这家建筑公司实力雄厚，生意做得非常大。于是，张先生请他的朋友写了一封介绍信,他带着信去拜访那位年轻的经理。谁知,朋友的这位熟人并不买张先生的账,他瞥了一眼张先生带来的介绍信,说道:"你是想跟我要保险订单吧?我可没兴趣,还是请你回去吧!"张先生带着诚恳的语调说:"田先生,你还没有看看我的计划书呢!"

"我一个月前刚刚在另外一家保险公司投保,你看我还有必要再浪费时间来看你那份计划书吗?"年轻的经理断然拒绝的态度并没有把张先生吓走,他从对方的语调中听出对方是一个性情中人,此类人的弱点就是容易被打动,只要自己表现出足够的诚意,一定可以打动对方。他鼓起勇气,大胆问道:"田先生,我们都是年龄差不多的生意人,你能告诉我你为什么这样成功吗?"年轻经理有点不耐烦地说:"你想知道什么?""你最开始是怎样投身于建筑行业的呢?"张先生很有诚意的语调和发自内心的求知渴望,让这位年轻的经理感觉到张先生内心的诚意,他的心被打动了。

张先生从经理的语调中听出对方原来是一个性情中人,而此种类型人的最大缺点就是很容易被打动,尤其是在谈到自己过去经历的时候。于是,张先生找准了机会,表现出了自己莫大的诚意,以此得到了经理的认可。

人们在不同情绪情感的状态下语调也会发生相应的变化,有可能文字本身是完全相同的,但表现出来的情绪情感可能千差万别。比如,一个人在悲哀时语调低沉,高兴时语调高昂,温柔时语调平和，恼怒时语调生硬，愤怒时语调粗暴。而且，同一句话，由于说话时所使用的语调不同，表现出来的含义可能完全不同。不同语调所表现出来的含义，比言语本身还要多，这可以帮助我们更准确地领会对方的内心意图。

内向者可以根据几种常见的语调，解析语调背后的含义。

1. 平稳的语调

平稳的语调有一种胁迫力，这样的人做事比较沉稳，他们知道自己想要的是什么，该拒绝的是什么。通常情况下，他们是领导中的佼佼者，他们总能知道如何让下属服从自己。带着平稳语调的劝说，不仅不会令下属感到恐惧，而且会更好地促使下属认真思考如何解决问题，这样一来，他们的目的就达到了。如果你的上司或长辈以如此的语调跟你说话，那表示他想在某方面说服你。

2. 低沉的语调

在生活中，有的人的声音并不富有磁性，但他们却喜欢用低沉的语调来说话，似乎这样才能显示自己沉稳的一面。这样的人善于掩饰自己的情绪，即使他心中很生气，但他依然可以保持正常的语调讲话。在交际中，他们一般都扮演着厉害的角色，擅长处理人际关系，无论是在工作中还是生活中，都能够游刃有余地为人处世。

3. 尖锐的语调

尖锐的语调很刺耳，同样地，其本人也难以得到人们的欣赏与认同。这样的语调大多出现在女性身上，一旦她们遭遇了某种不公平的待遇，或者受辱，便会发出尖锐的语调。这样的人大多富于想象力，不过，过于幼稚而成熟不足，做事情常常是跟着感觉走，以至于经常遭遇失败。

内向者心理启示

有研究数据表明，语调的表情达意超过了具体的口头用语。当内向者在与他人进行面对面的交流时，信息通过肢体、音调以及具体用语传递的大致比例分别为55％、38％和7％。而如果我们与对方通过电话交流，语调所占的比例还将增加，将达到70％。在生活中，如果内向者想了解一个人，即使无法进行面对面的交流，但只要认真倾听对方的语调，自然可以了解对方内心的真实情绪。

分析对方表情，了解其真实想法

在日常沟通过程中，内向者在倾听对方言语时可以观察一下对方的面部表情，解析对方的真实意图。法国生理学家科瑞尔曾说："我们会见到许多陌生的面孔，这些面孔反映出了人们的心理状态，而且随着年龄的增长，反映得将越来越清楚。脸就像一台展示我们的感情、欲望、希冀等一切内心活动的显示器。"每个人都有自己特别的一张脸,在这张脸中隐藏着各种各样的表情,即使对方所表现的是最自然的神态,但也可以窥探出其内心的几分真性情。细微表情是情绪的外部表现,这是由躯体神经系统支配的骨骼肌运动,是感情活动的外显行为,它所反映的是一个人的心理。我们可以说,表情是无声的语言,人们在与人相处的时候,即使想掩饰自己内心的想法,但还是会下意识地从细微表情中表达出自己的情绪。因此,在与人接触的时候,内向者需要仔细观察对方的神态,从细微表情中把握对方真正的想法。

梁惠王雄心勃勃,广纳天下贤才。有大臣多次向他推荐了淳于髡,因此,梁惠王频频召见了那位颇具才干的淳于髡,而且,每一次都屏退左右与他倾心交谈。但召见了两次,淳于髡都沉默不语,使得梁惠王很尴尬。

事后,梁惠王责问大臣:"你说淳于髡有管仲、晏婴的才能,我怎么没看出来,他只是沉默不语,我看你是言过其实。"大臣以此话问淳于髡,淳于髡只是笑了笑,回答说:"确实如此,前两次我都沉默不语,但我不是故意的,而是另有原因。我也很想和梁惠王倾心交谈,但第一次,梁惠王脸上有驱驰之色,想着驱驰奔跑一类的娱乐之事,所以我就没说话;第二次,我见他脸上有享乐之色,是想着声色一类的娱乐之事,所以我也没有说话。"

大臣将此话告诉了梁惠王,梁惠王回忆了当时的情景,果然如淳于髡所言。这时，梁惠王不禁佩服淳于髡的识人之能，也终于相信了大臣所言，开始重用淳于髡。

在这个典故中，淳于髡正是利用了梁惠王流露出来的细微表情，洞悉了其内心的真实想法，也因此赢得了梁惠王的尊重和信赖。由此可见，观其脸必先观其表情，在与人交往的过程中，不要错过对方脸上闪烁的细微表情，抓住它，你才有可能看清其真实性情。

一个人神态的外显通常被认为是"自然流露"，意思是指有所见或有所感而发，出自内心的自然本真，显示出的神态举止自然而然，但其中也隐藏了不少真性情，内向者本来心思就缜密，若仔细观察，必会窥探出不少秘密。比如，项羽和叔叔项梁看见秦始皇游览会稽郡渡浙江的时候，项羽脱口而出："彼可取而代也。"吓得叔叔项梁急忙捂住他的嘴，这表明项羽心直口快，而汉高祖刘邦在见到秦始皇的时候，则说的是"大丈夫当如是也"，两人截然不同的神态，表明了两人不同的心性。

那么，内向者如何从那些看起来很自然的表情中捕捉他人心中的真实想法呢？

1. 面无表情

有的人自作聪明地认为"面无表情"就是最自然的神态，其实不然。在日常交际中，许多人会面无表情地谈话、交流，轻易不肯说出自己的想法。其实，他们真实的内心不外乎三种想法：一是敢怒不敢言；二是漠不关心；三是根本没有放在心里。当然，也有可能结果恰好相反，只是对方不愿意让你看出来而已。

2. 皮笑肉不笑

在生活中，有许多人经常会以虚假的笑容来迷惑他人，尤其是那些奸诈的小人，他们不愿意表露自己真实的想法，常常以皮笑肉不笑的笑容示人。其实，这时他们内心的想法恰恰是与脸部表情相反的，可能是很愤怒，也可能只是想敷衍你，可能只是想亲近你，但其内心一点儿想亲近你的意思都没有。

3. 急躁、不耐烦

人们在生活中学会了许多方法来掩饰自己的内心，当然，他们也知道在什么样的情况下来掩饰什么样的表情。比如，在商业会谈的时候，有的人总是显得急躁、不耐烦，眉毛时常跳动，这时，他们有可能没有诚心跟你合作，只是想趁早了事，还有一种可能就是他们只是想早点结束生意而去参加公司的晚会。

内向者心理启示

在所有的生物中，人的表情是最丰富，也是最复杂的。据统计，人们的脸部能做出的表情多达25万种，恰恰是如此丰富的表情使得人们之间的交往变得复杂而细腻。在生活中，如果内向者仔细观察，常常发现人们脸上的表情与其内心的情绪恰好相反，这是为什么呢？其实，这是人们在潜意识里不愿意让对方看出自己心理的变化，他们会用看上去比较自然的表情来阻止自己内心情绪的外泄，以此来隐瞒自己的真性情。那么，内向者是不是就不能窥破对方的真实心理呢？当然不是，狄德罗在《绘画论》中说道："一个人，他心灵的每一个活动都表现在他的脸上，刻画得很清晰、很明显。"

小小动作，洞悉真实心理

在日常工作中，内向者在与他人相处过程中，总是感到对方真实心理隐藏得很深。这时不妨仔细观察对方的小动作，解密其真实心理。现代心理学的研究证明：一个人不经意间表现出来的小动作能够反映出一个人的内心，或者对别人所保持的态度以及意见。内向者会发现，几乎每个人都有其特别的小动作，而这些不经意间表现出来的小动作恰好能直接反映其内心。心理学家认为，每一个人的小动作都隐藏其内心的真实想法。在很多时候，一个人的肢体语言和他们内心想要说的话并不一样，这就是所谓的小动作。比如，在公司会议室，身边的同事看起来很认真地在听，但是，在办公桌的下面，他的手指却在不停地反复地敲击着。这样的小动作表示这个人实际上与他的表面是相反的，他一点也没有将心思放在开会上，心不知

第 10 章
心眼明亮，内向者要有一颗感知外界的心

道飞到哪里去了。因此，在工作中，如果内向者能够观察他人的小动作，那么就可以看出其内心真实的想法。

小白是一个话很多的人，经常抓住机会就与同事大侃起来，也不管对方愿不愿听。对此，坐在他旁边的小李可就遭殃了，每次小白都会转过身来，兴致勃勃地说些自己碰到的趣事，小李虽说表面不好拒绝，但他总是不安地用笔杆敲打桌面，以此表达自己的意思。小白却是一个马大哈，他不明白小李为什么喜欢敲桌子，还是自顾自地说话。

有一次，小白碰到了学心理学的朋友。在聊到小动作的时候，小白突然想到了小李，他问道："当一个人总是用笔杆敲打桌面的时候，他心里在想些什么呢？"朋友回答说："这样的小动作，大多表示他对你所讲的话已经感到厌烦了。""啊？"小白恍然大悟，后来，在办公室里，他收敛了自己的个性，不再经常缠着小李说话了。

小白通过向自己学心理学的朋友询问，发现同事做出的小动作是想告诉自己："我对你所讲的话并不感兴趣。"每个人都有那么几个常见的小动作，内向者完全可以通过观察对方的一些小动作来发现他们对自己的意见。另外，一些心理实验表明，如果你与一个你很讨厌的人在一起，只会出现两种相对的反应：一是太随便，根本不在乎对方的想法；二是太拘谨，看起来无所适从，甚至，不知道该把手放在哪里。而通过他们表现出来的不同反应，正好可以揣测出他人的真实内心。

1. 习惯用手拢头发的人

有的人喜欢用指尖拢头发、轻搔面部，或是把食指放在嘴唇上。这一类的人性格比较开朗、乐观，虽然在面对生活或工作中的困难时也会流露出失望、沮丧的情绪，但是他们能在最短时间内调整好自己的心态，坦然面对这一切，并致力于寻找解决问题的办法。

如果内向者发现有人在你面前做出这样的小动作，那就表明他对你的谈话没有多大的兴趣，显得有点左顾右盼，漫不经心。他们或许正在思考自己的问题，并且认为你是在打扰他，但他们会碍于情面而不表露出来。

2. 喜欢用嘴咬住一些物品的人

有的人喜欢用嘴咬眼镜腿、笔杆或者其他一些物品。这一类型的人喜欢我行我素，不喜欢受人管制。他们做出这样的动作，是想掩饰自己恶劣的情绪，不想让别人知道。在这种情况下，内向者千万不要上前搭话，以免加重其恶劣的情绪。但有时候，这样的小动作也无法克制他那种内心的不满情绪，他们的情绪有可能会进一步恶化，有可能在突然之间爆发出来。

3. 习惯用手抚摸下巴的人

有的人习惯用手抚摸下巴或者抓着下巴。做出这种小动作的人大多比较世故圆滑，有较深的城府。他们这样不断地抚摸下巴只是想使自己镇静下来，克制自己内心的不满情绪，以免自己在冲动之下做出什么举动来，同时，他们也在思考下一步的对策。

4. 喜欢两手互相摩擦的人

有的人习惯两手不停地摩擦。这一类型的人对自己充满了信心，喜欢挑战自我，并且在成功的路上敢于承担一定的风险。一旦他们决定去做某件事情的时候，就会一直坚持下去，而不会轻易改变主意和行动方向，所以他们在某些时候显得比较固执。而他们通常做出这种小动作，表明烦躁不安、心情郁闷。

5. 喜欢咬牙切齿的人

有的人在烦躁不安的时候喜欢咬牙切齿，这一类型的人情绪变化无常，显得很不稳定。他们的心胸不是很宽广，喜欢意气用事，就连理智也无法把握感情。

当内向者在职场上和同事相处的时候，能够通过对方的一些小动作透析出其心里的真实想法，进而有效地识破对方的心理，那么内向者在与他相处的时候，就会轻松很多，显得轻松自如，游刃有余。

内向者心理启示

每个人都有心情不好的时候，特别是由于别人造成的情况，他会表现得更突出，从而表现出烦躁不安。这些情绪除了通过面部表情及口头语言表现出来以外，还通过一些小动作显现出来。

参考文献

[1]苏珊·凯恩.内向性格的竞争力[M].高洁,译.北京:中信出版社,2016.

[2]高志鹏.内向人和外向人的自我说明书[M].北京:新世界出版社,2010.

[3]马蒂·奥尔森·兰妮.内向者优势:内向人玩转外向世界的成功心理学[M].成都:天地出版社,2019.